ゼロスタート

――異国・日本での創業奮闘記――

靳忠效
ZIN CHUKO

幻冬舎 MC

ゼロスタート

―異国・日本での創業奮闘記―

前書き

誰でも安全安心に一生を過ごしたいと思っている一方で、多彩な暮らしと意味のある人生を過ごしたいと期待しているでしょう。このような一見矛盾する願望は、現状を維持するとともに、勇敢に新しいことにチャレンジすることを促します。人間は、勉強やひらめき、ヒントはもちろん実践的な仕事によって自分自身を成長させ、また一方では深く物事を考えて自分自身を教育し、精神的にも金銭的にも進歩させることのできる存在です。

私は普通の人間ですが、今までに中国や日本で過ごした60年間においては、自分自身なりのオリジナルな考え方で勉強したり創業したりして、普通ではないこともたくさん経験してきました。２０２1年は私の来日30年目、創業20年目となっています。この歳月を振り返って記念すべきだろうと思います。

この節目を何かの形で記念しようと思いましたが、会社の皆さん等に精神的な財産として残すためには、やはり本を書こうと思います。私は34歳までは商売をしようとはしませんでしたが、偉大な企業家と知り合っていろいろ教えていただいた結果、商売に興味を持って、博士学位を取った後、学者の道をやめて、創業しようと決めました。お金が全くない私は、母国でない外国で創業して大変苦労しましたが、様々な困難に遭ったときも何とかして一つ一つ克服して徐々に軌道に乗せました。コロナウイルスが蔓延する中でも売上が伸びています。

今までの私の経験をまとめたこの本を読んでいる貴方が、少しでもここからヒントを得たり、知恵を開いてくれたりするなら、とても嬉しく思います。

目次

第2章 ネクセルジャパンの誕生

第3章 遂に独立。日本で創業

序章

強い人、強い会社とは

突然の強制捜査

２０２１年４月23日金曜日朝７時。普段通りパジャマのままで朝ご飯を準備中、突然インターフォンから「ジンさんの家ですか」という声が聞こえてきました。「はい、そうです」と返事をすると、「ドアを開けなさい」という声がしました。

いままで日本で暮らしてきて用事を言わずに、いきなり「ドアを開けなさい」などと言われることは全くなかったので、いぶかしく思ってドアを開けました。すると、知らない男性がバタバタと入ってきて「令状」を見せてくれました。そして「家宅捜査をする」と言われました。「えー、なんで」と私は大変びっくりしました。

令状をよく見ると、知り合いの会社が「外国為替法」および「外国貿易法」「関税法」に違反したとされており、知り合いは被疑者で、私も被疑者に関連した人物ということで、この事件に巻き込まれました。

具体的には、数年前、輸出禁止のリストにある中国の研究所に半導体を輸出したということで裁判所から捜査令状を出されたわけです。

家の玄関で私はパジャマのままで写真を撮られて、ボディチェックもされました。それから警官8名が家の中に入ってきて、タンスやベッドや本棚はもちろん、洗濯機や冷蔵庫や台所や浴室やトイレ等を全部調べ、家中をひっくり返して捜査しました。携帯電話はすぐに没収され、トイレに行っても警官が付いてきて監視されました。外部への連絡は全部遮断されました。

この日私はお客様との打ち合わせの約束があり、会社に連絡しようとしましたが、家の固定電話しか使用できませんでした。電話で社員と通話して、会社も同じ時間に家宅捜査されている途中だとわかりました。これもまた大変びっくりしました。

捜査途中、私は捜査員に「家から半導体の三つの字が出たら今私を逮捕してもいいですよ」と怒りをぶつけましたが、リーダーの警官は「私たちは令状を持っているから法律違反ではない」と言います。私は「もちろんそうでしょう、もし令状がなければ、捜査できないでしょう」「もう何でもいいから、全部を持っていってもいい」と言いました。

警官は「夕方18時まで捜査する」と言いましたが、結局15時半で捜査はほぼ終わり、その後データーコピーが終わるのに17時頃までかかりました。

「押収品目録をすべて確認してください」と言われたとき、私は「確認はしません」「携帯や仕事関係物以外は全部持っていってもいいです」「警察が持っていった物を全部返すことを信じます」と怒って言いました。私は最後まで頑固な態度で何を持っていったかを確認しませんでした。本当にこの怒りを誰にぶつけたら解消できるのでしょうか。それはわかりませんでした。

最後に自家用車も隅々まで捜査されてから、「もう自由ですよ」と言われて、また「えー、なんで」と思いました。今日は映画?ドラマ?警察の演習?全く夢のような感じの一日でした。

人生とは、路上で行う警備員や管理者のいない、走る距離の決まっていないマラソンのような気がします。途中で何が起こるかは事前に全くわからないことがあり、不思議なときがあります。平穏な暮らしの中に突然起こる、このようなビックリさせられる経験は、まさにドラマや映画の「ワンシーン」みたいです。

私はこの強制捜査をきっかけに、いろいろなことを思い出しました。1991年7月15日神戸港に着いた後、30年間日本で勉強や研究や生活や商売をして、いろいろな人と出会って、様々な苦労があり、また嬉しいことや強い運、自分の進歩等が脳裏に浮かび上がってきました。

一番なりたくなかったのは商売人

中国西安市から北に約170キロ離れた田舎に生まれた私は、小さい頃から読書が大好きで、本があれば一日中動かなくてもいい子どもでした。歴史・人物（伝記）・小説・商業・スポーツなどの本だけではなく、漢方薬に興味を持っていた父が買った医学の本や、兄の管理している村で購読していた『陝西新聞』を毎日読みました。私は本だったらすべてのページ（前書きも後書きを含む）、新聞だったらすべてを隅々まで読んで、今でもその習慣は変わりません。

小さいときから、教師や学者や将軍または作家や冒険者や政治家等を将来の夢にしたことがありましたが、商売人になろうとは全く思いませんでした。その理由は、読書ばかりしていたので会話が苦手で、かつ両親や親戚をはじめ周りには商売をしている知り合いはいなかったからです。また当時の本や世の中のイメージとして、商売する人には詐欺者が多いとか、うそがうまいとか、たばこやお酒が飲めないと商売ができないとかいった思い込みがあったことも関係していたと思います。

高校卒業後2年間は農業をして、大学卒業後1年半工場で働いて、約5年間大学講師として勤めましたが、経験した仕事はそんなに好きではなかったのです。小さいときの夢であった研究者や作家、冒険者、将軍などは、どれも実現できませんでした。

結局一番なりたくなかった商売人になりました。博士号を取ったのに大学に入ってからの目標だった学者にはならず、以前は興味のなかった商売を始めました。商売を始めてから20年経ち、本当に大変な出来事にあって、倒産するかもしれない厳しい状況や様々な制限の中で、できる限りの力でやってきてました。現在持っている会社の経営状況は順調で、社員たちも成長しているので、ある程度で満足しております。

人生って面白くて不思議ですね。

日本の福井県で37歳から商売を始める

18歳までは生まれて暮らした村の周りを5キロも出たことはない私は、結局全く知らない異国の日本の約80万人の人口を持つ福井県で37歳から商売を始めました。豊富な知識と物事の分析・総括力と正直な性格と一生懸命な努力で、自分のできる限りの力を発揮して、いろいろな面で優れている社長たちに出会って、２０２１年6月現在、社員10名の小さい会社を経営しています。

創業間もなく、福井テレビが会社と家まで来て取材したとき、アナウンサーの松枝さんに「夢は何ですか」と聞かれて、私は思わず「会社を上場したい」と言いました。大袈裟に言えば私には数万人の会社を経営できる能力があると思いましたが、やはりいろいろな制限があるのでそんなに簡単ではありません。しかしながら自社の製品は時代の流れにマッチして、お客様との信頼関係をしっかり築いているから、ある意味では満足しております。

商売を始めてから、何回もお客様と商談したりしてみると、やはり商売はチャレンジが好きな自分の性格に合うとわかって、大好きになりました。商売の大変さがあっても、大変な病気にかかっても、また経営に非常に苦しんだときでも、すごい挫折があっても、会社に大きな赤字があっても、自分の力を超えた大金を借りても、大きな投資に失敗しても、何回もピンチに陥ったことがあっても、いつも強い信念と辛抱と強い運で何とかして続けて、精一杯力を出して前向きな気持ちで難題を分析して一つずつ解決することができました。

取材された後家族全員と記念撮影

振り返ってみると商売には未知数の部分が多く大変な仕事で、世の中の流れや自分の精神力や能力や運等いろいろな要素が関わってきます。商売の知識はほとんどなくノウハウもないし、異国での創業は苦労の連続ですが、真面目にビジネスの基本を実践しながら、商売の原則と柔軟性を持って一生懸命にやったらうまく運営していけると思っております。

二十周年として今までのことをまとめて文章にします。これをきっかけに自分も社員も会社ももっと強くなるように願っております。

強い人とは

では、強い人には一体どんな特徴があるでしょうか。

健康はもちろんですが、他にもいろいろな特徴があります。人間は考え方＋行動＋結果という繰り返しで進歩する動物で、まとめたら次のようなことを満たしていれば強いだろうと思います。

●よく勉強すること　常に新しい知識や知恵をいろいろな方法（本や講演会やインターネット・ラジオ・テレビや視察等）で勉強し、新しい情報を収集して、前向きで積極的な考え方で自分を励まして、他人に良い影響を与えること。大きな問題があってもけっして諦めず、解決策を探す姿勢を持つこと。

●前向きで旺盛な挑戦心を持つこと　チャレンジ精神を持ち、好奇心が強くて、いつも希望と熱意を持って、新しいことを常に研究すること。しかも事前にうまくいかないことがあったらどうするか、いろいろなシミュレーションをし、失敗しても挫けずにそれを教訓として、二度と失敗しないようになり、どんどん強くなれること。

●芯が強いこと　大変なときでも文句言わず強い信念と意志があり、物事をいろいろな角度から立体的に考えられて、反対する相手の意見もよく聞いて吸収し、自分を成長させていくこと。大きな困難にあったとき、冷静に対応できる能力と方法があり、周りに信頼されること。

●よく反省すること　芯が強いが、慢心はせず、常に謙虚に自分自身の考え方と行動を振り返って反省すること。自分の長所と短所を理解して、長所を十分に生かし、欠点を避けたり直したりして、同じミスをしないこと。悟る力があって、様々なことをやっているうちに、自分なりの経験を積んで徐々に成長していくこと。

●問題解決の方法が多いこと　いつも優先順位により物事を考えて、細かく分解して一つずつ完成させること。目標達成のために、より良い方法を見つけることができるような柔軟性を持つこと。自分自身は脳の中で正反対な意見を持ちながら、正確なやり方で仕事をし、常に修正できること。

●時間を無駄にしないこと　今の社会関係はものすごく複雑で、情報も溢れるほど多い。そのため一生のうち、本当に仕事ができる時間はそんなに多くない。寝る時間や休みや病気などの時間を除いて、大体一日8時間・週5日・年間52週・30年間で計算して本当の仕事時間は6万2400時間しかないから、時間を無駄にせず、人生を有意義に過ごすこと。

●集中力が高いこと　プロのスポーツ選手のように自分の関わる内容とやり方を熟知し、実践・成功・失敗などを繰り返すことによりスキルが高く、効率が高く、同じ時間で他人より仕事が多くできること。または短時間で仕事を完成できること。大変なことに対しても文句はあまり言わないこと。むしろ、やりがいを感じること。

●自信を持つこと　挫折することがあっても、何とかして乗り越えて、踏み台として上への階段とすること。成功体験が自分を引っ張る縄となるように自分自身を激励すること。いつも自信を持って感情をコントロールして冷静に対応すること。

強い会社とは

社員数万人規模の大きな会社は、資本金や資金調達力、組織力はもちろん、人材、市場、情報などの面でも強いと言えますが、小さい会社でも差別化できる特徴があれば大手企業にも負けません。それでは、本当の強い会社にはどんな特徴があるでしょうか。

これもいろいろな条件や項目をあげますが、大きな会社というだけで強いとは限らないので、今までの自分の経験から言うと、次の特徴があれば強い会社だろうと思います。

●得意な技術か製品か分野（ネットワーク）またはいくつかの組み合わせをうまく使ってお客様に提供できること。また、業界と時代の流れを常に研究・勉強していて、自社の強みを発揮できること。長い目で全体的に判断してすべての面（商品、資金、人）で無駄を出さずに低コストと高収益率の経営結果を続けていること。

●経営陣は正しい経営方針を決めてリーダーシップを持ち、社員はそれぞれの能力を十分に発揮できること、つまり「適材適所」により、気持ちよく仕事を進められること。また、会社を学校のように機能させること。社員は向上心と勉強欲が強くて、実践を通していろいろなこと（知識、ノウハウ、コミュニケーション能力、管理方法、技術等）を習って進歩・成長していること。

●社員たちは会社の資源（技術・資金・市場・ネットワーク等）を十分に生かして、人間関係が良くて、お互いによく協力して、いい結果を得ることができること。また業績が悪いときがあっても、責任を持ってみんなで団結して困難を乗り越えられる力があること。

●経営者は常に謙虚な態度で、製品（技術かノウハウ）・仕入先・お客様・社員および社会の流れ・情報や政府政策・融資先等いろいろな役割を十分に理解したうえ、総合的に判断しバランス良く対応できること。また、一番重要なキャッシュフローを常にチェックして、経営をスムーズに維持すること。

会社が長く続くかどうかは、その会社が発展する道筋にかかっています。つまり、創業したときの過程と文化にしたがって、時代のニーズに一致する製品を提供して、役員は正確な判断を下し、すべての社員が正しく実行すれば発展していきますが、それが誤ったら倒産してしまいます。

今後のネクセル社の安定経営と発展のために、私の書いた自分の履歴や創業履歴を社員全員および関係者各位の参考としていただければ幸いです。

第1章

私の修業時代

私の勉強履歴と来日の由縁

人口150人の村の出身

私は、中国陝西省白水県の北東部にある、5キロ以上続く深い谷に囲まれた人口約150人の小さい村の出身です。この村から白水県都所在地まで30キロほどの距離があります。

16歳で高校を卒業してから、田舎では2年くらい畑を耕したり果樹を栽培したりしました。18歳になって初めて家を出て大学へ行く前は、村から5キロ圏内にある親戚の家にしか行ったことがありませんでした。

当時の村には電気がなくて、当然電話やテレビはありません。コンクリートのビルやバスや電車を見たこともない田舎でした。もちろん保育園や幼稚園は全くなかったし、サッカーやバレーボールや体操等スポーツは全く知りませんでした。食用の水は大変貴重で、約50メートルの深い井戸から二人で汲み上げてから、桶で家まで担いでこなければなりませんでした。

父母兄弟妹

父と母

きょうだい４人

私は父と母の間に生まれた次男で、健在の兄と弟と妹合わせてきょうだい４人です。

普段は温厚な性格ですが、自信をもってやろうとすることに対しては結構頑固な性格でもあります。今でも真っ暗な部屋にいても全然平気です。十代の頃、私は一人で誰もいない山で草刈りや羊飼いをしたり、夜真っ暗な田舎でも平気で歩いたりしていました。また好奇心に溢れていて、知らない世界に憧れ、冒険心が強い方だと思います。

実は私には記憶していない姉が二人いて、小さいとき亡くなったので父は病院を信じなくなりました。父は30歳から中国医薬（漢方）関係の本をいっぱい買って独学して、漢方の医者になりました。そのような独学力が私に遺伝しているからか、自分も独学が得意です。また、豊かな見識を持つ父から偉い人のことをいろいろ教えてもらって、小さい頃から大きな夢を持っていました。

数学と物理と化学はほぼ百点

私は小学校から飛び級して、大学まではほとんどの試験は点数が高く、特に数学と物理と化学はほぼ百点で、先生によく褒められました。カバンの中には教科書と宿題ノートだけでした。記憶力が抜群だったので授業中、ノートはしませんでした。教科書にはメモする一つの字もなく、新しい教科書と同じぐらいきれいでした。

勉強がよくできるコツは、教科書の著者がこう書いた理由を想像して自分だったらどのように編集すればよいかと考えることでした。また、普段宿題を解いたとき、いろいろな宿題の解き方をして、より良い方法をいっぱい練習しました。その結果、本番のテスト宿題を早く解くことができました。大学1年生の夏休み期間で大学の微分積分等をすべて独学して宿題を一気に終わらせました。数学の先生はかなり驚きました。

また、有名な人物の伝記を読んだとき、自分だったらその難題をどう解決できるか、もっといい方法がないかとよく想像しました。映画やドラマを見るときも同じようにと考えています。こうして頭を訓練することが、無意識のうちに物事を解決する方法のレベルアップに繋がっていると思います。今でもこういう習慣があります。

時代が変わったので、準備して

中国文化大革命の10年間は大学受験がなかったので、国の政策により16歳で高校を卒業すると田舎へ帰って農業をしました。農業にもコツがあるから、周囲の人をよく観察しました。一ヶ月経つと村のおじさんと同じレベルで畑を耕すことができるようになりました。

鄧小平の時代に入ると、経済発展が最優先になり、人材が極端に不足しているのを補うため大学受験ができるようになりました。そのニュースが発表されたのは1977年10月21日の人民日報でした。これを見て、父は「時代が変わったので、準備して」と言いました。高校ではあまり習っていなかったし、物理などの教科書もなかったので、親戚から本を借りて一ヶ月ぐらいしか独学しませんでしたが、約5千人のうち私一人だけパスして進学できました。当時私の住んだ所では大変なニュースとなりました。

独学が得意か、テストが強いかということについては、知識構造がわかっているからだと私は思います。数学や物理や化学の教科書に書かれていた知識は前後が必ず繋がっています。これらの知識には、大きな木のように根から幹へ、それから枝や葉や花へという論理的な知識構造があります。つまり、基本的な定義や用語があって、それらを繋げている要素はブロック問題や現象を説明することから、それらをシステム化してもっと複雑な問題を解説するという知識構造です。こうした知識構造図をはっきり作ると、勉強するときに脳が混乱せず、全体の知識が把握できるため全部覚えやすくなります。そして、テストでは大体定義の部分とブロック問題およびいくつかミックスした複雑な問題を出しますので、これができれば勉強や試験は楽しいと思います。

1978年3月、中国の西安理工大学金属材料学科に入った後、二つのクラス70人の中でいつもトップの成績を取り、時間があるときは図書館で世界の物理や化学者のノーベル賞の受賞者たちの伝記をよく読みました。偉い研究者や学者になりたくて、お金には無頓着で儲けることが嫌いでした。また、人との会話も時間の無駄で、それより本を読む方が得ることが多いと思いました。

張留建さん

君なら修士試験で出られるから大丈夫

１９８２年2月、大学を卒業しました。同学年70名のうち、必ず一人は当時辺鄙《へんぴ》な場所だった新疆《しんきょう》に行かなければなりませんでした。新疆に行くことになったら一生そこで暮らさなければならない可能性があるから、誰も行きたくありません。担当の先生は私に「ジンさん、君は勉強ができるから、行っても修士試験に合格し新疆を出られるから大丈夫」と言いました。私も「いいですよ」と返事しました。

西安から新疆まで電車で4泊、丸３日間かかりました。新疆のウルムチ市にある第二自動車工場に配属されて、熱処理の職場で1年半ぐらい働きました。工場の同じ職場で一緒に働いた西安交通大学卒業の張留建さんと大変気が合って、同じ部屋に泊まり、人生についてよく深く話し合いました。

張さんは私より年上で、社会経験が豊富で頭が良くて勉強もできます。特に管理能力が優れて、筋を通す人で、その後工場長となり、中国で有名な自動車部品工場の責任者となりました。現在はなかなか会えませんが、一生忘れられない親友です。

ハルビン工業大学大学院に入学

厳しい修士試験をパスして私は1983年9月、ハルビン工業大学大学院に入学しました。電車で中国の一番西の都市・新疆から一番東のハルビン市まで6日間かかりました。大学院では3年間金属の摩擦摩耗を研究して修士号を取得しました。また初めて日本語を外国語として勉強しましたが、本を読んだり少し文章を書いたりできる程度でした。ハルビン工業大学にいたとき、夏休み期間学校に来た千葉工業大学の学生と日本語を少し話したことがあり、挨拶ぐらいしかわかりませんでしたが、初めて日本人の生の声が聞こえました。

1986年7月、修士学位を取って卒業した後、北京の会社か、あるいは政府機関で働こうとしましたが、当時の卒業制度では、なかなか難しくて、西安理工大学の先生に呼ばれて母校に戻って、金属学の講師として働きました。同時に若い教師と修士を管理したりしたこともありました。

福井大学の荒井先生との出会い

西安理工大学で働いていた1987年4月、福井大学工学部の荒井克彦先生が西安理工大学水利学部に客員教員として来られて、三ヶ月間滞在して講義をされました。そのとき、当時その学部では日本語がうまくて通訳できる先生はいなかったので、大変困りました。そこで、学校の外事弁公室の範主任が「ジンさんは日本語がうまそうで、頭が良いし、通訳できる」と、私を李建中・水利学部長に推薦しました。面接してすぐ決められたので、その学部のために荒井先生を上海へ出迎えに行って、荒井先生が講義をされたときの通訳をしました。

話は飛びますが、私が1991年7月に福井に来てから、荒井先生は知り合いの千葉県にあるコンクリート製品を製造販売している飯塚弘芳社長を紹介してくれました。そのとき飯塚社長は中国でコマ型基礎という基礎工法のビジネスをやろうと決心しており、そのために通訳してほしいと言われました。当時福井大学に留学していた張建民さん（中国工程院士、現在清華大学土木水利院教授）は、事前に西安理工大学や清華大学の土木関係の教授たちと連絡した上、11月に北京で飯塚社長はコマ型基礎工法を紹介することになりました。飯塚社長が荒井先生や他の技術者たちと一緒に北京を訪問して、中国全国から集まっている大学教授や企業家たち100人ほどの前で、コマ型基礎工法のビジネスをアピールしたとき、私は勇気を持って数時間も通訳をしました。

北京を訪問したときの荒井先生（右）と飯塚社長（中央）

また、荒井先生は福井県坂井市にある前田工織（株）前田社長を紹介してくれました。西安理工大学水利学部　謝定義教授たちが福井大学を訪問したとき、私が通訳して前田社長が自社工場を案内され、繊維を用いた地盤補強の新しい技術をわかりやすく説明していただきました。いろいろお世話になって、本当に感謝しております。

山本先生、小幡谷先生との出会い

1988年5月、福井大学工学部の山本富士夫先生が水利学部に来て一ヶ月以上流体力学を講義されたとき、通訳したり、西安の周辺観光名所、例えば秦始皇兵馬俑等へ案内したりしました。翌年山本先生がまた学校に来て講義されたときも通訳させていただきました。長らく通訳したり一緒にいていろいろ雑談したりしたことで、山本先生は私の性格や能力をよく知ってくださいました。

山本先生は若いとき日本国の卓球選手として中国国家選手と試合したと言われました。そして、福井大学でもよくスポーツをして、同じ工学部の小幡谷洋一教授と仲が良くて、バトミントンや卓球をよくやっていました。その後の1989年10月、山本先生はまた水利学部に来て流体力学を講義されたときも、通訳しました。山本先生は11月に日本に帰ってから、私の金属研究分野に近い小幡谷先生を紹介してくれました。

数回手紙での交流を通して、小幡谷先生は共同研究の形で私の来日の段取りをしてくださり、私はビザを取ることができました。

山本先生は英語が流暢で世界で有名な流体力学の研究者で、ご自分の影響力で国際的にトップクラスの研究者と学者数百人を国内外から招待して、第1回（1995年）と第2回（1997年）、2回の粒子画像流速測定法の国際会議を福井市で開催させたことがありました。

山本富士夫先生の研究室にて

山本先生は私にいろいろ教えてくださり、来日前も来日後も大変お世話になりました。非常に感謝しております。

鑑真号の雑魚寝畳部屋で日本へ

当時勤め先の西安理工大学での月給は94元（当時約1200円）しかなくて、給与は生活費に使われて全然残っていませんでした。しかも大学で授業したとき、一台150元の貴重な自転車を2台も盗まれて、大変貧乏でした。このような貧しい生活状況を改善しようと思って、大学の知り合いと何かで儲けようと話し合いましたが、結局、空想で終わりました。

そのため来日の旅費はなく、ハルビン工業大学修士課程時の親友で北京の国営大手企業に勤務していた謝海波さんから、北京の日本大使館へビザの手続きに行ったとき2万円いただきました。大変助かりました。

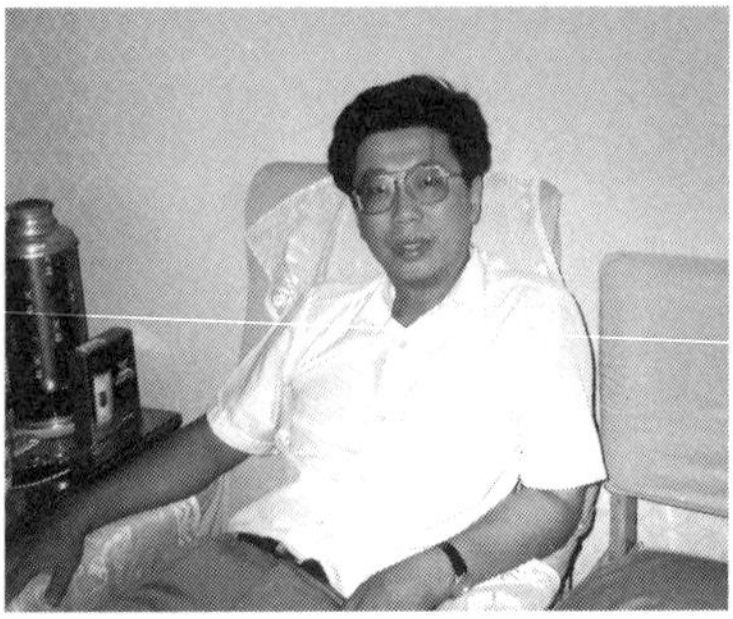

93年8月北京で会った謝海波さん

そして、日本の物価は高いと聞いたので、歯磨き粉や靴下や衣服など必要な品物をいっぱい買って、荷物は合わせて約100キロになり、スーツケース3つに詰めました。そして上海と神戸の間を運行している鑑真号フェリーの片道2万円の一番安いチケットを買い、15人もいる雑魚寝の畳部屋で2日間かけて1991年7月15日、神戸港に到着しました。

税関を通るとき、煙草は一人20本しか持っていけませんが、私は煙草を一つも持っていません。そこで、船で知り合って同じ畳部屋にいた大連市役所に勤めていた一人の男性の依頼を受けて、私は彼の買った煙草を20本持って神戸税関を出て外で渡すという約束をしました。しかしながら、外で一時間待っても彼は全く出てきませんでした。中へ戻るわけにいかないし、何か起こったかは全くわからなかったのです。

仕方がないので、そのまま神戸港へ出迎えに来てくださった小幡谷先生研究室の河野技師と一緒に電車に乗って福井に来ました。福井に来てから3日後、煙草を預かった彼から手紙をもらいました。その日、神戸税関を通ったとき、彼の前には福建省出身の人がいたといいます。当時福建省の人は日本への密入国が多くて、大変検査が厳しかったので、彼らとアメリカ人を含めて7人はすべて一人ずつ別々に厳しく聞かれたのでした。もちろん彼は密入国者ではないことがわかり、夜8時に税関を出たということでした。本当に大変でした。

電車に乗って大阪で乗り換えて福井に来ましたが、私は日本の電車や道路および建物のきれいさ、福井の街の人の少なさと車の多さに驚きました。私と同じ中国の留学生や外国人は日本に来て、やはり一番印象に残るのはその清潔さだといいます。

日毛アパートでの暮らしと初めての地震

福井に来てからは、知り合いの紹介で福井大学に近い乾徳一丁目の木造建築の家賃6500円六畳の部屋に住むことになりました。この部屋は西向きで、夜は大変蒸し暑かったのですが、お金を節約するためエアコンも付けず我慢しました。そして、部屋にはお風呂はなく、週に一回か二回近所の銭湯に行くしかなかったのです。

同じアパートに住んだ親友の劉丁さんを2019年1月訪問

福井に来て二週間経ったお昼ご飯のとき、突然、部屋が揺れて、何が起こったかがわからなくてびっくりしました。生まれてから31年目に初めて体験した地震でした。

このアパートの1階には少し部屋数が多くて家賃が高

い四つの部屋がありました。そこは、全部日本人の学生が住んでいましたが、2階には狭い六つの部屋があり、中国から福井大学に来て研修していた大学の副学長や学部長や教授が数人も泊まっていました。当時の中国の人々はお金をなるべく節約して暮らしました。また、ここに泊まった親友は中国に帰国して数年後大学の学長になりました。

小幡谷洋一先生の研究室にて

小幡谷研究室で金属塑性変形を研究

福井に来てから翌日私は福井大学小幡谷先生の研究室に入って、金属塑性変形のメカニズムを研究しました。先生のご指導の下で研究のテーマについて議論して論文を書きました。私は高校や大学では英語を習ったことはなかったので、就職後ラジオを聞いて英語を初めて習いました。英文を書くのは大変苦手で、英語の論文の単語と文法はミスが多くて小幡谷先生によく書き直して修正してもらいました。

もらったクルマに鳥の巣

同じ研究室の4年生で水泳が大変うまい児玉基希君は、暇があるときは学校のプールで水泳を私に教えてくれました。昔は全く泳げなかった私ですが、何回も練習したら、人生で初めて25メートル泳げるようになりました。また、福井県大野市の六呂師でスキーを習って、人生で初めてスキーができるようになりました。そして、フリーマーケットで知り合った両角理恵さんは中国語を勉強していましたので、両角さん一家と交流をしました。

その両角さんは、1994年3月末、東京へ転勤することになったので、無償で乗用車をくれました。私はその年の3月に車の免許を取ったばかりで、人生で初めて車を運転しました。夏休み中、子どもを連れて岐阜の高山へ行ったのですが、途中で坂道を上れなくなりました。近所のガソリンスタンドで調べても原因はわかりませんでした。何とかして福井に戻って車屋さんに持っていきよく調べてもらうと、排気管の中には鳥の巣があって排気できなくなったのでした。両角さんはいつも社用車に乗っており、自分の車にあまり乗らなかったから起きたことでした。

ついに博士号を取得

1994年4月には福井大学大学院工学研究科の博士課程ができ、私は入学して、小幡谷先生の指導の下で同じテーマを続けて研究しました。日本機械学会では論文を発表し、1997年3月、博士号を取得して無事に卒業しました。小幡谷先生も私一人の博士課程を指導しただけで定年されました。来日の際にお世話になったこと、丁寧にご指導いただいたこと、本当に感謝しております。

博士課程に入っても生活費などはなく、幸い知り合った福井のホーカベレディースクリニック波々伯部院長は4年間生活費を援助してくださいました。実は1992年11月に福井市左内町で病院をオープンした波々伯部先生は、福井で初めて妊婦さんに

波々伯部先生と奥様、先生の妹様の息子さん長男

リラックスできる気功を導入しようと考えられました。私の友達の紹介で波々伯部先生と会いました。お会いしたときすごく気が合って、そこでアルバイトしながら研究生活ができました。

また、私が福井に来てから2年後、やっと家内と長男を来日させることができました。ビザ申請時、波々伯部先生は保証人としていろいろな手続きをしてくださり、大変助かりました。

波々伯部先生の妹様はピアノの先生で、長男や家内にピアノを教えてくれました。家にピアノのなかった頃は、長男と家内は夜か週末に病院でピアノを練習しました。また、波々伯部先生の親戚である平林幸子さんもいろいろなことで家内や子どもをよく手伝っていただきました。

本当に院長先生およびご一家のお陰で、私は安定した暮らしができ4年間にわたって博士課程で勉強と研究を続けられました。また日本社会の事情を教えていただき、いろいろな知り合いもできました。次男もこの病院で生まれ、一生忘れられません。本当にお世話になりました。大変ありがたくて心から感謝しています。

まとめ

人生を変えるには本人の実力とチャンスが必要です。日本語ができたからこそ私は来日できたと言えます。日本で様々なことを体験してすごく勉強になり、交友関係を広げることができました。

勉強は人間の意識を変えます。出会いと研究・進学・就職等は人間の運命を変えるチャンスです。蓄積した知識と見識および人との出会いを集大成して、自分の運を大きく変えることができます。本当の能力あるいは潜在能力や決断力があれば、そしてチャンスに遭遇すれば必ず人間は成長します。

世の中は無限大ですが、一方、自分の知っていることは有限です。いつでもいつまでも謙虚な気持ちで驕らず頑張らなければなりません。

創業を心に決めたきっかけ

酒井社長の三つの方針

1994年秋頃、当時住んでいた福井市毛矢町にある総合商社・轟産業株式会社の酒井貞美社長と知り会いました。酒井社長は1945年9月、福井高等工業学校（今の福井大学）を卒業しましたが、勤労動員と福井の空襲でほとんど勉強できなかったとおっしゃっていました。そして、卒業しても戦後すぐで安定した就職先はなかったので、実家の杉の大木を3本切って売り、1948年3月、思い切って創業されたそうです。人脈も資金もなかったとおっしゃいました。酒井社長は読書やご自分の経験からオリジナルな考え方（哲学）を持っておられます。下記の三つの方針を立てていろいろな苦労をされ、会社を大きくしました。

1．人のやらない仕事、嫌がる仕事をすること

2. 独自の商品を扱うこと

3. 小さくても金額の高い商品を扱うこと

つまり、すき間で勝負しようと決意されました。

お話によると、会社を作ったばかりの1948年6月28日に福井大地震に遭遇されて、大野から福井に帰る途中に乗った電車は転倒して歩いて帰ったということです。このような大変なときでも積極的にすき間の商機を探しました。地震後、福井駅あたりの街に行ったとき、ビルから落ちたガラスを見て、戦後品物が極端に足りなかった時代ですから、すぐヒントがありました。20日間毎日街へ出掛け、血だらけの両手で粉砕したガラス屑を袋に入れて100俵ほど集めました。これに他の人が気が付いて集めようとしたときには、もうかなり少なくなっていたということです。

このガラス屑を金沢のガラス工場に運んで約28万円で売りましたが、お金より商品の方が価値があると思って、ガラス瓶に交換すると、そのガラス瓶は飛ぶように売れたということです。これはまさにすき間商売の精髄で、私は大変感動しました。

辛い経験から経営の難しさを知る

その後酒井社長の会社は、もう一度福井の大きな取引先の倒産で、本当に倒産する危機がありましたが、前向きな姿勢と明晰な頭脳および正確な方法で乗り越えました。それ以降ずっと安定した経営となりました。私が酒井社長と知り合ったとき、仕入先は７０００社ほど、取引先は９０００社ほどあり、商品数は数万点、売上高は４００億円、全国に自社ビルの拠点が35カ所、連続40年間黒字決算だそうです。本当にすごい管理システムと経営方法を持っておられます。

酒井貞美社長（この時93歳でした）

酒井社長は「会社は本当に倒産する恐れがあったからこそ、経営の大変さをしみじみと感じている。やっと乗り切って、安定した経営を目標とした」と言われました。辛い経験があったから経営の難しさがわかり、酒井社長は会社を守らなければならないから日曜・休日も関係なく、ほぼ一年中３６５日会社に出勤して仕事していました。出張中またはお正月でも会社のことを考えていました。

奥様によると、お正月に一家で「あわら温泉」に泊まったとき、朝早く起きて会社に行ってからまたホテルに戻って過ごしたということです。このように社長としてはやはり会社を守る強い気持ちを表しています。

日本最高齢の社長

酒井社長は日本経済新聞等毎日五つの新聞を読まれたり、感想文を社員にファックスで送られたり、電話で指示されたりしました。創業者として2020年10月までは日本最高齢の96歳の現役の社長として大変有名でした。その以降会長になられて、命の最後までも経営に関わって、2021年4月9日逝去されました。

酒井社長は化学の専門ですが、なかなかユニークな哲学を持っておられます。しかも私と同じネズミ年で、36歳上の大先輩です。親しく感じて、お宅へよく伺いました。雑談中は、創業されたときの苦労話や失敗話や楽しい話を聞き、また創業以来の足跡をまとめた轟産業社史をいただき、しっかり読んだりしているうちに、「会社の経営者は哲学者や学者でもある」ことが初めてわかりました。

酒井社長は会社の経営に専念して、人生に対する見解も鋭いことで、様々な知恵を教えてくださいました。

酒井語録「人生は長いマラソン」

いまでも酒井社長の言葉を次々に思い出すことができます。

「人生は長いマラソンだよ。若いときに成功したといっても必ずしも年齢を重ねてうまくいくという保証はないので、謙虚な気持ちを持って一日も無駄にせず、コツコツと努力して少しずつ進歩すれば何よりいい」

「人の顔には目二つと鼻一つと口一つしかないが、世界にいる数十億の人の顔は全部違っている。なぜなら細かい部分がすべて特徴を持っているからだ。皆よく考えていて、深い理屈を持っている。人間には共通点はあるが、個性もそれぞれある」

「川はどうしてまっすぐにならないか？　まっすぐになったら石も泥も全部一気に流れるから、川にはならないよ。会社もそうだよ、常に良いことはない。経営者としては一日でもさぼるな。法律は労働者を守るが、経営者は自分で守らなければならない。だから休みはなし」

「山の形は普通誰でも思っている△のような形だけではなくて、いろいろな側面で見て山の全体がわかる。例えば上から見ると、平面ですよ。商売人はいろいろなことに関わるから、いろんな角度から会社のことを見なければならない」

「ビジネスの意味はもともと英語のビジーからきている。だから忙しくないと商売人とは言えない」

「現代ビジネスの本はいっぱいあるが、昔の中国の老子や孔子などの言葉は十分に理解しなければならないよ」

「公務員やサラリーマンは出勤すれば収入があり、法律により残業の規定があるが、経営者にはそのような保証は全くないので、１年間３６５日24時間仕事をしなければならない。いざという大変なとき、経営者は会社の全責任を負っているから、サボったら会社を潰すことと同じだぞ」

このように幅広いお話をいっぱい聞いて、自分もよく考え、かなり悟り、新しい人生の始まりが来ると考えました。

会社を興すならこの四つの法則に従え

酒井社長のお話を聞いているうちに、私の商売に対する認識はだんだん変化していきました。

「商売はお金だけではなく、経営もただ儲けることではなく、ある意味では哲学に深く関わっている。社長は哲学者でもある」

そうわかって商売しようと考えました。酒井社長は私の商売の「啓蒙師」だと言えます。そこで、酒井社長は「会社を興すなら、下記の法則にしたがって。これを必ず覚えて」と言われました。

●陰陽法則　人類の法則でも経済の法則でも太陽の運行と同じで、常に変化しています。昼が過ぎて必ず夜が来るように、良いことがあったとき、絶対悪いときも来るから、たまに台風も大雨もある。会社も悪いことも良いこともあるから、良いときにしっかり貯金して、大変なときが来る前に常に心得て備えてほしいこと。

●**適者生存**　世の中は安定しているように見えますが、実は常に変化しています。緩やかな変化の途中で急激に変化するから、それに備えるために常に情報を収集・勉強・分析して、自分のため、そして会社のために適切な対策を取らなければなりません。慢心すると、必ず被害を受けることとなること。

●**因果応報**　人間としても会社としても悪いことを絶対しないこと。良いことをしたら、必ず良いことは来る。正直で素直に仕入先やお客様と付き合って、良い物を売ったら、必ず会社を続けられるし、しっかり経営を維持できるということ。

●**根・鈍・運**　世の中は常に変化しているので、経営者として、経済動向を見つめて会社を運営するのは当たり前ですが、必ずしも成功するとは言えません。やはり一つの事業を根気よくずっとやることは大事です（根気）。そして、著名人の言葉や有名な経済雑誌の解説等に左右されることなく、自分の得意分野をやることは何より必要です（鈍気）。そして、最後には成功するかもしれませんが、もし失敗しても、少しでも悪いことを思わず、続けて努力する。つまり、人事を尽くして天命を待つこと（運気）。

轟産業社は大きく、社員を成長させるために、本社の社員に訓示したりされましたが、全国各地で仕事をしている支社の幹部や社員に対して酒井社長は新聞や本を読んで啓発になる部分にコメントを書いて、ファックスして読ませていました。また日本経済新聞「私の履歴書」という連載の有名な企業家や政治家等をコピーして綴って、幹部や社員たちに配りました。私もその中のわずかな一部をいただきました。

約100社の創業者の本を読む

私はもともと有著名人の心理と実際の変化に関する伝記に興味を持っているので、すべてしっかり読み、深く理解しようとしました。また、図書館へ行って、日本の超一流会社の創業者である豊田一郎（トヨタ自動車）、松下幸之助（パナソニック）、稲盛和夫（京セラ）、盛田昭夫と井深大（ソニー）、本田宗一郎（ホンダ技研工業）、早川徳次（シャープ）、井植歳男（三洋電機）および三島海雲（カルピス）、櫻田慧（モスフードサービス）等いろいろな社長の伝記や履歴の本を借りて約１００社の創業者の本を読みました。

それぞれユニークなアイデアを持つ企業を知り、それぞれの知恵で会社を大きく育てることとなりました。数多くの創業者の創業史を読んで、啓発やヒントや悟りがいっぱいありました。

例えば、それまで世界の超一流の社長である松下幸之助さんとしか知りませんでしたが、その伝記を読んで、大変驚きながら、感銘を受けました。

松下さんは「財産もない、学歴もない、健康にも恵まれない」という三無で、９歳から丁稚奉公《でっちぼうこう》をして、両親や兄弟姉妹の大半が早く亡くなり、文字通り「ないない尽くし」からの出発でした。でも消極的な思いはないし、むしろ逆にマイナスを生かして、積極的で前向きな気持ちで自分の人生を導いたということです。

感銘を受けた松下幸之助の言葉

松下さんの著書『人生心得帖』（ＰＨＰ研究所、２００１年・５月）には次のように書かれています。

1. 体が弱かったから、人に頼んで仕事をしてもらうことを覚えた。
2. 学歴がなかったから、常に人の教えを請うことができた。
3. 財産がなかったから、世の辛酸を多少なりとも味わうことができた。
4. お金がないから、一歩一歩着実に進んで、すべてムダをしないことにした。

しかも、松下幸之助さんは小学校も卒業されませんでしたが、よく勉強し自分の考え方をまとめて生涯１２０冊以上の本を出版され、無数の講演会をされました。また、早稲田大学名誉博士となられました。経営者として世界中に尊敬され経営の神様だと言われています。

語った言葉や考え方も人々に感銘を与え、ある意味では学者か哲学者としても世界の人々に認められています。

二見文麿さんとの出会い

私の次男と隣に住んでいる年の近い男の子はよく一緒に遊んでいました。子どもたちが仲良くなってから、家内は何度もその子のお宅に行きました。その子は二見文麿さんのお孫さんです。1996年の冬のこと、夜9時になっても家内と次男がまだ帰って来ないので、私は二見さんのお宅へ行きました。数分後、会社から帰った二見さんは、私が中国人だと知り、大変喜んで自分の作った漢詩について熱心に話されました。私は大変びっくりしました。というのは、二見さんは中国語を全くご存じでないのに、辞典を開きながら、漢詩をいっぱい作ったからです。中国に何回も訪問されたそうです。

実は、二見さんは福井県内で冷凍食品の一番大きな会社である株式会社アコスの専務で、主に人事と経理を担当しておられました。何回もお宅へ行きましたから、私に会社の経営の難しさや大変さや会社の数字の重要さを教えてくださいました。

二見さんは２０２０年11月22日逝去されましたが、中国の歴史や文化が大好きで、一緒に20回以上中国に行き仕事をしながらあっちこっちを案内しました。中国での感想に基づいて漢詩も作りました。二見さんは数十年作った漢詩をまとめて、亡くなる一ヶ月前に念願の本を出版されました。高卒で一日も中国語を習ったことがなく、中国語の本も読めずでしたが、独学で全く知らない外国語の漢詩を書くことができました。また福井県内の教室で漢詩の書き方を教え、本も出版された、大変素晴らしい方です。本当に大変お世話になり、私を可愛がってくださったこと、大変感謝しております。

藤田社長と二見専務が語ったこと

　そして、アコス社の藤田通麿社長は二見文麿専務の弟さんですが、二人は個人商店からはじめ、福井で一番大きな冷凍食品会社に発展させました。大変苦労されましたが、実際の経営ノウハウが豊富で、具体的な会社の経営方法を私によく教えてくださいました。

　例えば、二見さんはこんな言葉を残しています。

「会社の経営データーを見れば経営の状況が大体わかる。上場企業のデーターを読んで練習すること」

「大金が一度儲かるより、牛の涎《よだれ》のようにコツコツとやって儲けたほうがいい」

「お客様を大事にしなければならないが、仕入先も大変重要だよ。いい仕入先は常にいい商品を提供してくれるから」

「倒産した会社は大体放漫経営だったり、内部紛争が起きやすかったり、儲かるときは浪費したりすることが多いこと」

また、藤田社長は

「商売は一歩ではなく半歩でいい」

「小さい会社は一円玉から儲けよう」

「会社を発展させるために常に新しいことを考えること」

などと話してくれました。これらの言葉は今も私の経営の指針となっています。

このように私は運が良く、福井で会社の創業者三人に出会ったからこそ、いまの会社を作ることができました。本当にありがたくて感謝の気持ちでいっぱいです。

また、それまで読んだことはない中国の古典である孔子の『論語』、老子の『道徳経』、孫子の『兵法』、司馬遷の『史記』および日本の歴史、特に織田信長や豊臣秀吉や徳川家康など戦国時代の本や司馬遼太郎の書いた歴史小説を読みました。いろいろな本を読んだときもその時代や背景を想定して、人間の知恵を吸収しました。また、自分ならどう対応するかを想像してシミュレーションしました。

福井大学を卒業。アコスに入社

商売しながらの実践と独学は大変重要です。私は福井大学で工学博士学位を取った後も学者ではなく、会社を興して生涯を過ごしていこうと決意しました。

そして37歳になった1997年3月、私は福井大学を卒業して二見さんの誘いでアコスに入社し経理部に配属され、一から経営のことを勉強することになりました。商売に関わるようになって自分が商売が大好きだとわかり、新商品や新しいお客様と付き合うこともすごく楽しみになりました。

まとめ

どこかで下記のような文を読んだことがあります。

思考を変えれば、言葉が変わる。

言葉が変われば、行動が変わる。

行動が変われば、習慣が変わる。

習慣が変われば、運命が変わる。

人間は発達している脳があり、通常の考え方（思考）はほとんど変わらないが、あるきっかけ（縁）で変化します。そのきっかけになるのは読んだ本、見た映画、講演会、人の会話です。私は35歳のとき、考え方を変え学者から商売人になろうとしました。普通は遅いだろうと思われますが、私は自分の人生ルートを決め一生懸命に努力していくので、全然遅くないと思っています。自分の好きなことをやっているので苦にならないし、すごく楽しいです。

商売の基本を習い商売を実践する

商売は実践の学問

社長の履歴や創業史をいっぱい読んで、商売の理屈がわかっても、商売はうまくいくとは限りません。逆に失敗が多いです。株の売買と同じで商売は実践の学問です。毎日新商品の開発や仕入れた商品の取り扱いや仕入先・お客様・社員の管理等様々な実務を経験しなければならないので、優れた経営の感覚を養うには、いろいろな経験に基づき少しずつ積み重ねていくしかありません。

１９９７年４月１日私はアコスに入社して、経理部に配属されて毎日伝票を整理したり、現金の回収を確認したり、パソコンで売上の統計データーを整理したりしました。そのうち、会社の資金の流れや商品の内容がわかってきました。

全く商売をしたことはないので、まず売上高・利益率・マージン等、わからなかった基本的な言葉から習い始めました。だんだんビジネスの基本である商品の仕入、在庫、商談、見積、契約、売上、

株式会社アコスの社屋

回収、預金、借金と資金の流れ（製品の購入・管理・売上・資金回収・不良品・不良債権等）および経営陣・経理・営業・在庫管理部門を含む会社の基本的な仕組みを習いました。

例えば、品物でも新しい物と古い物があり、古い物から出荷することが大事で、どう管理すれば不良品にならず、不良品を減らすことができるかを知ることは重要な仕事です。また、商品の配達員と一緒に朝7時に出発して、スーパーの棚に食品を並べたりして、実際の現場で商売を習いました。それまでは全く知らなかった世界でした。

食品の歴史や加工方法、トレンドを学ぶ

昼休み中会社にある食品の新聞や雑誌を読み、食品の歴史や加工方法、トレンドを学びました。休日は図書館に行ってビジネス関連の雑誌や本を読んで、新しい商売のやり方を知ったりして、経営者の知識を吸収しました。

その中で一番印象に残ったのは当時３０００円の散髪代を１０００円までに値下げ

して一気に拡大させた某社のビジネスでした。創業者は55歳の商社マンで、本人の長い経験から、時間とサービスを省略してカットだけで散髪を10分で終わらせる発想で成功しました。

アコス社が取り扱っているのはほとんど冷凍食品で、主に日本国内の大手企業であるメーカーまたは問屋から自社の倉庫に仕入れて、福井県内の学校・病院・レストランなどに販売しています。私は、中国の食品が大変安いから、藤田社長と二見専務に話して一緒に中国へ数回行きました。アスパラガスやゴボウなどの食品を見に行きましたが、日本では食品に対する安全性の要求が大変高くて、数量や衛生管理等から考えて、なかなか仕入れることができませんでした。

二見専務と藤田社長（上海にて）

中日貿易に関心を持つ

ある日中国の親戚から「アルバムを入れるプラスチック（材質P

P）ケースをもっと透明にして使えるようにしたい」という連絡がありました。インターネットで調べてみると、A社の製品（PPシートを透明にさせる品物）があるとわかり、アコスの取引先の関連社であるB社からその製品を購入しました。

当時は中国の税関の管理が厳しくて貿易の権利を持つ特定の会社を通さなければならなかったので、様々な書類と試験データーの提出など煩わしい手続きがありました。大変でしたが、何とか中国に届けました。使ってみたら効果が優れてPP樹脂に混ぜるとアルバムのケースは十分に透明になりました。

しかし、製品は高く、しかも関税も40％、いろいろな費用を加えて中国に到着したら倍以上の単価になりました。そこでプラスチックを大量に使っている浙江省台州に行って営業しましたが、なかなか売れませんでした。親戚の会社は約2年間使用してくれましたが、その後中国製の製品が見つかり取引はなくなりました。

それから中国のいろいろな知り合いに話をして、中国からの要望があったら、何でも日本で仕入れて売ろうと思いました。例えば、福井市の会社のねじタップ、インターネットで圧力センサーメーカーを調べてM社の圧力センサー、プラスチック加工用の顔色添加剤等を中国に輸出したことがありました。

ある日金沢市に不要な車の洗車機があるとわかって、退勤後夜11時頃見に行ったことがありました。福井に戻ったら深夜1時となっていました。洗車機をただでもらえましたが、中国に送るには梱包費や運賃および通関費用を計算して100万円以上かかり、中国で使えるようにするには、ガソリンスタンドでの設置費などと合わせて200万円が必要だとわかりました。当時中国では手洗いでも10元（約180円）でした。洗剤や管理費、水道、電気などを考えると10年間でも回収できません。結局、収支が合わないから、やめました。

私は勇気がある性格で、この頃は商売したい気持ちが強くて、ビジネスのチャンスがあったりお客様のほしい商品があったりすると、何でもやろうと思いました。製品を知らないと、本を買ったり図書館に行って調べたりして、必要な知識を身につけて取引を行いました。本を読めば大体は製品の原理などを理解でき、やはり自分の読解力は仕事に役立っていると思います。

難しかったリンゴの対日輸出

私の実家は有名なリンゴの産地です。とれるリンゴは酸っぱさと甘さがちょうどよくて、インドネシアやベトナムなどに輸出しようと思いましたが、なかなかうまくいきませんでした。リンゴのジュースは日本の十分の一の値段です。1998年10月、二見専務と一緒に実家を訪問した際、リンゴジュースの日本への輸入を検討しましたが、大変難しくて、これも商売にはなりませんでした。そして、帰国後二見専務は「ジンさんの生まれたところの谷はすごいよね。車で2時間もかかり、日本には絶対ないよ」と言われました。私にとって当たり前のことは二見専務にとっては大変目新しいことでした。

福井の企業・学校・病院の数多くの食堂を管理しているある食品会社を経営する斉藤社長と藤田社長は、私の出身である西安理工大学の食堂の管理を請け負うために中国を訪問しました。お昼ご飯のとき、1万人ほどの生徒が一斉にレストランに来るのを見て、斉藤社長は大変感動して「一人につき一食50円儲けたら、一日2食で

100万円利益が出るね」と言われました。

次に西安交通大学や西北工業大学の食堂課を訪問しました。当時この三つの大学は合わせて5万人の大学生がいて大きな商売となると思いましたが、あまり投資額が大きく人材もいないから、これもやめました。

蕎麦やインスタント餃子、ラッキョウにも興味を

上海では日本人の大好きな蕎麦を食べたことがありましたが、味はあまり美味しくなく値段も高かったので、美味しい蕎麦屋を経営したら上海にいる日本人だけでも十分商売ができると思いました。そこで、3月13日から16日まで藤田社長と福井の美味しい蕎麦を手作りしているヒノキ店を経営する店長と一緒に上海へ視察に行きました。投資はそんなに大きくはなく、計画しようとしましたが、当時ちょうどSARSが中国で蔓延してやめました。

他にも藤田社長と一緒に熟成した餃子を冷凍させて、お湯で温めてインスタント餃

子になるかを研究しましたが、なかなか難しくてできませんでした。また、中国出張中偶然日本人の大好きなラッキョウを見つけ、食べてみて結構甘くて美味しかったので、値段を聞いてみたら大変安いので、中国台州から輸入しようと計画しましたが、やはり数量と販路の問題でうまくいかないので諦めました。

アイデアやヒントや感想はすぐノートに

そのとき、思いついたアイデアやヒントや感想があればすぐノートに書きました。

そこには例えば、こういう言葉もありました。

「時代の流れにしたがっていることをやったら成功の確率が高い」

「基本的なことをしたら、成功の確率が高い。ばくちみたいなことをやったらほとんど失敗だ」

「うまくいく可能性だけでは必ずしも成功しません。その可能性がある事業を成功させるために一生懸命にやることは非常に重要です。最後は運によること。つまり人事尽くして天命を待つ（謀事在人、成事在天）。失敗しても自信を無くさないこと」
「ほとんどの人は自分の天職がわからないまま一生過ごしている、それを問い続けると、必ず天職を見つけられる」

内モンゴルの塩

２００３年12月末、藤田社長と一緒に内モンゴル自治区の吉藍泰有限公司に行って塩を視察しました。ちょうど冬休みなので、長男を連れて塩の結晶過程を見学させました。加工工場は砂漠の真ん中にあり、銀川の空港から出迎えたその会社の車は到着まで6時間もかかりました。途中珍しい景色は何もなく、羊が数百匹ぐらい見えただけでした。結晶化した塩湖の上を車は走っていました。塩の品質はいいが、一回の取引量があまりにも多く、やはり商売にはできなかったです。

真冬はマイナス20度ほどで寒く、その日の夜雪が降りました。道路はツルツルで、すごく滑っていましたが、運転手は全然平気でノーマルタイヤでも80キロで走っていました。私がゆっくり走ってくださいと言ったら、運転手は「大丈夫ですよ。ほぼ毎日このような道路を走っているから慣れています」と言いました。それにしても田んぼに落ちている車があるから、それを見てやはり大変心配でした。途中羊数十匹が道路の真ん中にいて、車はやむを得ず止まったことがありました。

藤田社長と長男と一緒に砂漠の中の塩を視察

8時間ほどかけてやっと空港に着きましたが、悪天候で飛行機が何時に来るかはわからないとのことで、仕方なくレストランでゆっくり昼食事と夜食事を一緒に済ませ、じっと飛行機が来るまで待ちましたが非常に不安でした。というのは、翌日藤田社長は西安空港から日本に帰るので、この日西安に行けないと、翌日のチケットは使えなくなります。当時チケットは大変購入しにくかったので、新しくチケットがないと大変困ることになります。夜11時頃やっと凍った空港に小型の飛行機が着きました。数人しか乗れないうえ、滑走路から離陸したとき飛行機のタイヤが雪にぶつかった音がしっかり聞こえ、離陸できるか大変心配でした。が、どうにか深夜2時頃西安の空港に無事到着し、やっと安心しました。

こうして、いろいろな商売を試みてうまくいかずに終わりましたが、いろいろな知識を学び、いろいろな商売人と出会い様々なことを勉強しました。やっているうちにかなり悟りを得たので、失敗とは言えず、無駄にはなっていないと思っています。

余談ですが、商売する前は、のどが渇いたとき、私はずっと冷やしたお湯しか飲みませんでした。しかし、日本ではお湯はお茶かコーヒーにしか使わないものです。商談のときはお湯を出さないので、私はコーヒーを飲みはじめました。あまり苦いから、なかなか飲めなくてシュガー（砂糖）とミルクを入れました。だんだん慣れて、現在毎日コーヒーを飲んでいますが、やはりブラックのコーヒーはまだ慣れません。そして、今では社内にカプセル式コーヒー器を設置して、誰でも一日何杯でもコーヒーかお茶を自由に飲めるようにしています。

まとめ

アコス社は私のビジネスにとって非常に大事な場所でした。ここで商売の基本を学び、創業の起点となりました。商売の実務をすることにより商売の基本を把握でき、自分の経営力と判断力を鍛えられました。

経営者は常に商売の種を探さなければなりません。経営に関わるすべてのことをスムーズに動かすのは経営者の責任で、他者に負けないように対処して成功させるのは経営者の使命です。会社のために休みなしで仕事をするのは当たり前ですが、それもまた仕事の醍醐味です。

第2章

ネクセルジャパンの誕生

大きな商売で大失敗！

ヘッドマウントディスプレイ（ＨＭＤ）に挑戦

ここまで、いろいろな商品を取引しましたが、大きな利益の出る商品はありませんでした。そこで休まずに大きなビジネスの機会を見つけることにしました。

１９９８年春頃のある日、中国西安の知り合いから連絡がありました。当時日本のS社とC社が発売していたヘッドマウントディスプレイ（ＨＭＤ）という商品を作ろうとしているが、使用している肝心の部品である小さな液晶チップがないので、大変困っているというのです。そこで、二見専務に相談して、アコスのパソコンのシステムを構築している福井の有名な商社の担当者を呼んで相談しました。その方は電子部品の担当でS社に問い合わせて液晶チップがあることはわかりましたが、売ってくれるかどうかは未定だということです。中国の知り合いと話して、何とかしてできるのではないかと思い、このプロジェクトを進めることが決まりました。

ベテランの仕事術に学ぶ

中国の知り合いは漢方薬が専門の人でしたが、電子部品に強い人と組み商売しようとしました。そこで、このHMD製品のコントローラーも日本で作ってくれるかを商社の担当者に相談すると、福井県大野市にある北伸電機株式会社を紹介してくれました。北伸電機は電子回路基板を作っているので、HMD製品のコントローラーを作れるということです。技術者出身の細川社長は中国が大好きな人で、年に何回も中国を訪問し「協力してあげる」と言われました。大変心強く思いました。

何軍、商社の担当者、私、薛蔚、
北伸電機の細川社長、雷涛

そこからスタートして、二見専務・細川社長らは西安や深圳《しんせん》へ何度も行き、中国の知り合いと直接会ってこの製品の計画・

資金・輸入手続きなどについてよく打ち合わせをしました。私は中日両方の通訳を担当しながら、何十年間も商売しているベテランの二見専務や細川社長の商売の交渉・仕事の進め方・打ち合わせ方・話し方など、商売の仕方全般を実務で勉強しました。

中国側はS社のHMD製品を買って中国市場の反応を調査しました。この製品は0・7インチのLCDチップを使ったわずか200グラムの重さの製品です。頭にかけると約2メートルの距離に52インチの大画面が見え、当時中国ですごく流行っているDVDプレーヤーと組み合わせて、映画を楽しむことができました。その頃中国には新幹線はなくて、電車もよく遅れて、国内での出張は30時間かかりました。したがって、HMD製品はビジネスマンや長い旅の人々にとっては大変珍しくて良い物で、中国のいくつかの展示会やイベントなどでは市場調査を行っても、反応が大変良かったということでした。

なかなか売れない

そのときS社の製品は電機屋さんでの小売りは約20万円でしたが、製造コストを計算したら5～6万円しかしないので、必ず売れると思いました。当時世界中はインターネットショッピングもなかったので、中国では安売りの心配は全くなかったのです。中国国内の電機屋さんも売りたいということでした。

中国側は日本へコントローラーの開発費を支払って、北伸電機は製品の開発を進めました。商社はS社と交渉して、数ヶ月かけて、やっと数人の役員のサインをいただき、液晶チップを何とかして入手できるようになりました。ただし、液晶チップは大変高額で3000万円ほどが必要です。日本で調達した部品をすべて中国に輸出したら5000万円ほどの利益が出ると想定できました。こんなに儲かると思うと、かなりワクワクしました。

しかし、200台の部品を中国に輸出し、中国側は製品を量産し、販売しましたが、なかなか売れないということでした。その部品代の一部をもらいましたが、残金

500万円がなかなか入金されなくて、大変困ってしまいました。私は中国に行って何回も交渉しましたが、製品は高くて売れないから部品の値段をもっと下げてほしいと言われました。具体的な理由としては、当時中国の一般のビジネスマンの収入は約1500元で、この製品の売値は4000元で高すぎるからです。商売を始めたばかりで、しかも日本側にも値下げの余地はないので、私は中国人の弁護士に10万円払って中国側と交渉しましたが全然払ってくれませんでした。

コツコツと貯金した2000万円を失った

そこで、私は自分の貯金を出してまた借金し、故郷の西安で会社を設立し金型を作って社員を雇って製品を組み立て販売しようとしました。当時西安市高新技術開発区のリーダーは大変支持してくれて、またバックアップして役所のショールームに置いたり、投資家を紹介したり、またお土産として数台買ってくれましたが、やはり市場はないから全然売れませんでした。結局私がコツコツと貯金した2000万円ほどを失っただけではなく、アコス社もすでに買ったいろいろな部品は不良在庫となり、３０００万円ほどの損が出ました。

このＨＭＤ製品を売るためにお金も時間も非常に使いましたが、初めての商売としては大失敗で終わりました（創業者の話によくあるパターンですね）。そのとき、アコスはその損を全部引き受けてくれました。

食品卸業であるアコスの一部役員と幹部は、アコスと全然違う商売をする私に対し、強い意見と文句を持っていました。私はこの2年間自信満々の気持ちで一生懸命に頑張ったのですが成果はなく、大きな失敗でした。大変辛くすごく悩みました。自分には商売はできないのかもしれないと思いました。

ただし、二見専務と藤田社長は私を一回も責めず、逆に励ましてくれました。その優しさを私は一生感謝しております。また、北伸電機の細川社長も回路基板代金の一部を請求せず、その商社も液晶チップの一部を負担してくださり、大変感謝しております。

一生懸命、一生勉強、一生進歩

その後、私はなぜこのような大きな失敗をしてしまったのか、なかなか納得できなくて、商売はなかなか難しく予想できないと理解はしましたが、大変苦悩してしまいました。

ある日、ビデオ録画タイプ業界では超一流のS社でも二流の日本B社に負けたこと、超一流の食品会社でもジュース投資の失敗があることを読んで、突然ひらめきを感じ、自分の気持ちを前向きにさせることができました。つまり、ビジネスは、よく計算して予想することが必要ですが、ほとんどは実践してみないとわからないのです。起業すると、資金、技術、製品、値段、世の中の流れ、販路ルート、人脈、能力等様々な要素が絡んできますから、いくら儲かるかは全然わかりませんが、いくら損するかは大体明確です。その損金以上を行わないこと、そしてそこから何か学んでそれ以降は同じ失敗をしないことが大事です。

学歴があって頭が良く、数字の計算が得意であっても、ビジネスをして利益を得られるかどうかは全く保証できません。自分の学歴を見誤ったり、仕事をやり過ぎたりすると必ず失敗します。大胆さと慎重さの両方が要るし、謙虚な気持ちを持って、ビジネスのチャンスを判断し行動することが大変重要です。聡明な人がよく失敗するのは聡明さ故に傲慢さがあり前のめりになり過ぎるからです。

それから私は、本当の商売をもっと勉強しようと思いました。私は新聞や雑誌や本などで勉強できるし、悟る力もありますが、やはりビジネスは甘い世界ではないので、いろいろな実務を積み重ねて実際に経験しなければなりません。この教訓を生かして、なるべく自分の力（技術・資金・人脈など）の範囲で商売しようと思いました。また、自分は「一生懸命、一生勉強、一生進歩」という信条を持つようになりました。

まとめ

商売しようとするのには明確な要因がありますが、様々な要素が絡んでいるので、ちょっとしたことで失敗することがあります。勉強ができて頭が良い人でも必ず成功するとは限りません。博士の学位を取ってもビジネスがうまいとは言えません。また、どれぐらい儲けるかは計算できませんが、失う金額はわかっています。投資した金額と時間は、もし失敗だとわかったら、はっきりと迷わずけじめをつけて、失敗を続けないこと。

どんなことをしても、やはり人事を尽くして天命を待つことと、前向きな気持ちで成功を祈り、失敗しても努力した過程で学習して次に生かすことは非常に大事です。頭の良い人は失敗より、むしろ謙虚な気持ちを持ってよく勉強・総括・研究することで、やったことを復習して、次にやろうとすることをシミュレーションします。

ガンになっても70歳以上生きる！

稀な腎臓ガンが見つかる

実は、１９９０年頃中国にいたときも、１９９１年7月来日してからも、右脇腹が痛むことがよくありました。どの病院で診察しても、すべての先生は超音波検査をしてから、「胆のうには小さい石がいっぱい詰まっているが大丈夫だ」と言いました。１９９７年3月就職した後も、急に痛くなりましたが同じ診察結果でしたから、あまり気にしませんでした。

私はアコス社で自分の力でいよいよ商売を始めたばかりで、気持ちが高まって、精神的にも楽しく、いろいろな製品を取り扱って仕入したり販売したりして、やる気満々でした。そんな１９９９年2月20日土曜日、39歳になったばかりの年、午前中また急にお腹が痛くなったので、家内は「今日は休んで病院で診てもらおう」と言いました。

福井市にある大きな病院に行きました。いつものように、超音波検査を受けました。普段超音波検査は一人ですが、その日は、女性二人でした。若い女性の方は新卒で検査方法を勉強中のようでした。またいつものように、胆のうの石をすぐ見つけました。

新卒の人に教えるためかはわかりませんが、左側の脾臓や腎臓もよく見ました。そのとき、二人は何かを発見したようです。何回も「深呼吸して」と言われて、たくさん写真を撮りました。

廊下でしばらく待ってから、内科の看護師に呼ばれ、私は部屋に入って椅子に座りました。先生はかなり厳しい顔で私を見て、胆のうの石が原因だとは言いません。たくさんの写真を撮られたことや先生の厳しい顔を見て、私は直感で今度はなんか変だなぁと思っていましたが、生まれつきの度胸があるから、先生に「何でもいいから言ってください。もしかしたらガンでしょうか」と平気な顔で聞きました。

先生は私の顔をじっと見て、たぶん私が強いだろうと信じ、「胆のうは以前のように石がいっぱい詰まってそれで痛く感じたが、大丈夫です。しかし、今日の超音波検査で左腎臓には新しい病気がありました。撮った写真から見ると、おそらく80％は悪性腫瘍だろう」と言いました。私は全然気にせずすごく冷静な気持ちで、またその大きさを聞きました。

「2～3センチで、まだ初期段階だ」と言われました。私はもともと病気が怖くない性格で、何も思いませんでしたが、一緒にいた家内は大変ショックを受けて涙がボロボロと流れました。長男はまだ小学生11歳で、次男はまだ4歳で、私もまだ若く、家の大黒柱だから、なかなかその事実を受け止められませんでした。

乾燥したトカゲは有効か？

私は「ガンではない。ガンになっても大したことではない。必ず70歳以上生きる」と本気で思っていました。何も考えず普段通りよく眠れましたし、何も心配しなくて普段通りに生活して出勤していました。福井の知り合いの誰にもガンのことは言っていませんでしたが、いざ何かあったとき会社に迷惑をかけることを避けるため藤田社長と二見専務には話しました。

しばらくして、私は実家に病気を知らせましたが、39歳になったばかりの私に対して、父と母および兄弟はガンの転移が早いかと思ってやはり大きなショックを受け、心配しました。父はすぐガン治療の漢方薬を調べ、乾燥したトカゲが有効だという本を読んで、数百匹送ってきました。私も毎日1匹煮て二ヶ月ほど飲みましたが、やはり効きませんでした。

そんな中、2月26日から28日の3日間アコス社員と沖縄旅行に行きました。一緒に行った同僚たち誰も私の病気を知らなかったし、私は全然平常心で沖縄のきれいな海を楽しみ、首里城を見学しました。沖縄の言葉や文化が中国福建省や浙江省に似ていて、一部の発音は中国語とほぼ同じであることがわかりました。また、ひめゆりの塔を見て、若い少女が無残な戦争で簡単に亡くなってしまったことを知り、命の尊さをすごく感じました。

その後、私は確認するために福井の有名な三つの大きな病院に行って診察してもらい、CTなどの検査も行いましたが、全部同じ結果でした。しかもすべての先生は治療法としては手術しかないと言いました。そして幸い腎臓は二つあるから一つ取っても体にはあまり影響しないと言いました。私は運が良くて、病気の場所は一番下だったので、その部分だけ取ってもいいかもしれないとも言われました。

私は病気に対しては平気ですが、やはり学者っぽくて、図書館に行っていろいろな文献を調べてみました。ガン全体の1%しかない腎臓ガンですが、10万人に5~6%の割合で、たばこや高血圧や肥満などによるということです。私はこういう原因が一つも当たらなかったのですが、やはりわからない原因でも発生しました。世の中には理屈の通らないことも起こりますね。私は39歳になっても何の実績もないし、人生は始まったばかりで、心の中では必ず70歳以上まで生きると思いました。調べた結果、やはりほとんどの初期段階のガンは手術して10年間の生存率もすごく高くて、手術しようと思いました。

手術のため二週間ほど入院する

4月9日金曜日、ガンを見つけた病院の泌尿器科の先生とよく話し合って4月下旬に手術することを決めました。アコス社の藤田社長と二見専務に話して、二週間休暇を取りました。私は入院中、病室から出られないので本を読む時間が十分にありました。そこで事前に図書館から本を20冊ほど借りました。暇があったら無駄な時間を過ごさないように読書しました。また、資料を翻訳して、事業を進めて仕事しました。看護師には「このような患者さんを初めて見た」と言われました。

4月19日午前9時半に入院して、いろいろな検査を受けて、26日の午後1時半、手術室に入りました。手術担当の先生や看護師はみんなニコニコしていて、私は全く怖い気持ちなど何一つもないと思いました。麻酔を受けてからすぐに何もわからなくなりました。目が覚めると、もう翌日になっていました。

看護師に聞いたら、手術は5時間半かかったそうです。その先生は能力が高くて、完璧な手術でした。ただし手術が終わってから、ベッドに寝たまま一週間体を動かさないように言われました。というのは、腎臓にはいつも血流があるので、動くと傷口が切れて出血します。もし出血したら、もう一回手術しなければならないのです。体をそのままにして一週間全く動かせないと、普段全然気にならないかかとが重くて痛く感じられ本当に辛かったのですが、看護師は食事をさせてくれたり、かかとをマッサージしてくれたりして大変優しく面倒を見てくれました。

退院後の出血で再入院

10日後、ベッドから降りてゆっくり歩いて痛みも感じないし血尿もないので、病院でしばらく様子を見て先生は大丈夫と判断して、5月11日退院しました。退院前先生は「手術で取った組織を病理診断して間違いなくガンだ」と説明されましたが、私は「やはりガンか」とはにわかに信じられませんでした。少しガックリしましたが、もっと有意義な一生を過ごす前向きな気持ちは強くなりました。

帰宅してしばらく家で静かに過ごしましたが、6日間も経たので、もう大丈夫だろうと思いました。17日夕方次男を連れて家の近くの公園で遊びました。私はベンチに座って子どもの様子を見て、トイレに行って突然血尿が出たので慌てて病院に行ってすぐ入院しました。先生は「手術した傷口が破れて血が腎臓から出ていたので、もう一回手術を考えたが、とりあえず保守的な治療法として点滴液の中に止血剤を入れて様子を見よう。もし血が止まらなければ手術する」と言われて、また10日間体を全く動かさないようにしました。

二回目の入院はもっと辛い感じでしたが、幸いに薬と自分の治癒力で傷口はふさがって治りました。5月31日、無事に退院しました。これもまた私の強い運命による結果だったでしょうか。

その後三ヶ月か半年かまたは一年に一回検査をしたりしましたが、再発もなく、転移もしませんでした。現在まで22年間過ぎていますが完全に治ってガンになっていないし、風邪もあまり引かなくて元気に過ごしています。

まとめ

毎日体の中の細胞分裂が発生して、普通の風邪と同じく、誰でもガンになる可能性があり、怖い病気ではありません。もしガンになっても、これも人生の一部分で天命を受け入れて、気持ちは絶対負けないことです。現在早く検査し発見したら早く手術や治療薬でほとんど治ることができます。

仕事でも病気でも何でも常に冷静な気持ちを持つのは大事です。どんな困難に当たってもいろいろな方法を工夫して解決するのは人間の仕事です。病気の治療をプロの医者に任せるのは正しい選択です。

失敗から商機が生まれた

失敗の原因は液晶チップと電池の値段

すでに述べたように、1998年春から2001年9月までの間初めてのHMD製品の商売は大失敗でしたが、主な理由は液晶チップと電池が高いからでした。

実はお客様がこの製品で映画を楽しむために電源として単3電池を4本使っています。試供品として同梱しているアルカリ乾電池は消耗が早くて、4時間ぐらいで終わってしまいます。お客様が旅行先で映画を楽しむには、新しいアルカリ乾電池を数十本持っていなければなりません。これはかなりの負担です。充電式ニッケル水素電池の単３形も使えるのですが、当時日本のニッケル水素電池メーカーはみんな大手電機メーカーのＰ社やＳ社やＴ社でした。

われわれがその大きい会社と接触する窓口は全くありませんでした。私は諦めずに電話帳で調べて本社や支社や代理店に電話もしました。すべて断られました。海外への販売はダメだと言われて値段も教えてくれませんでした。たまたまＴ社の金沢支店に電話したとき、担当者が優しくて売らないと言いながら、少し長く話してくれました。

値段を聞いてびっくりしました。ニッケル水素電池は４００円／本だと言われました。日本では単３アルカリ乾電池の単価は約20円で、中国では単３アルカリ乾電池は10円でした。中国にはニッケル水素電池を作っているメーカーはまだなかった時代でした。

NEXcell耐能電池有限公司との出合い

私は、２００1年2月東京ビッグサイトで開催された電子部品や電池関係の展示会に行って、安いニッケル水素電池を探してみました。展示会場は大きいので朝10時に行ってすべてのブースを見ました。必要な小さい液晶チップは、当時日本では超有名な会社しか作っていませんでした。ニッケル水素電池も大手の会社しか扱っていませんでした。2時間も歩くと12時頃になり、私は疲れてしまいました。休憩場所を探したところ、台湾の数社が集まるブースがあり、そこには人はあまりいなくて、空いている椅子に座れました。よく見ると、そこにはニッケル水素電池を製造している台湾メーカーのブースがありました。

NEXcell耐能電池有限公司という社名で、ブースには女性一人がいました。話を聞いてみたら彼女の名前はPaggyさんで、とても陽気な性格でよく話す人でした。日本の電池展示会に2年連続で出展して代理店を探しているが、なかなか見つけられないと言われました。ニッケル水素電池の卸値を聞くとなんと90円／本でした。即時に私は代理店として販売しようと言いました。

私は電池のことをほとんど知らなくて、Paggyさんは決められないから、社長と話すと返事をしました。しばらく待つと社長はブースに戻ってきて話をしました。彼は台湾出身ですが、アメリカで工学博士号を取った頭の良い人で、NASAで約14年間電池関係の仕事をしたそうで、性格も明るくて、かなり意気投合しました。そこから、私の将来の商売の基礎となった電池の販売がスタートしたのです。

20万円で台湾から電池を輸入

東京から福井に帰って「台湾から電池を輸入して販売しよう」と二見専務に相談しました。専務はかなり躊躇しました。その理由はアコス社には日本で電池の販路は全くないからです。アコス社は冷凍食品が専門です。電気関係の会社との付き合いや販売ネットワークはないので、この事業を手伝うことはできません。それでもアコスと取引が多くて、地元福井で店舗数の多いスーパーなどの担当者を紹介してくれました。

でも話によると、アルカリ乾電池でも年間数十本しか売れず、充電池の需要はほとんどない。しかも電池はやはりP社やS社やT社などの有名ブランドでないと全く売れないということでした。確かにそうです。電気屋さんの店には有名なブランド以外の電池は全くありません。

それでも、私は何とかしてやりたいと言いました。すると二見専務は「それじゃ、20万円で台湾から電池を仕入れて売ってみて、もし売れなければやめよう」と言いました。万が一この件は失敗しても20万円で終わります。儲けるのはわからないが、損はそれぐらいでチャレンジしてもいいということでした。

そこで、2月下旬に台湾から2万本の単3と単4ニッケル水素電池および放電機能付充電器を輸入しました。製品は届いてから、どう売るかは全くわかりませんでしたが、電話帳を調べ、まず福井の電気屋さんに電話をしましたが、全く相手にしてくれませんでした。日本では、まずメーカーから総代理店の倉庫へ配達してから、全国各地の卸売業の注文数に応じて他の電子部品などを合わせて送ります。それから各店舗の注文に基づいて配達します。これが電池の売買流通ルートです。

私は何も知らず、勝手に電話をし、しかも日本語はあまりうまく話せなかったからか、おそらく店舗の人は「この人は頭がおかしい」と思ったことでしょう。

ネットオークションで爆発的に売れる

仕方なくインターネットで販売方法を調べてみました。一生懸命に調べるうち、たまたま見つけたのは当時個人の間で売買するネットオークションでした。そこで私個人の名前を登録して製品を載せました。売値はブランド品の単価４５０円を参考にして、私は２００円／本と書きました。包装もないし、電池のチューブ（ラベル）は英語のままでした。そして、充電器は放電機能が付いているから、充放電器と名付けて、単価９８０円と設定しました。ちなみに、国産品の充電器は約２０００円／台でした。

さすがインターネットなので、すぐ反応があり、注文はすごかったです。一ヶ月経たないうち完売しました。全部個人が買ってくれましたが、会社のために使っている人も多かったと思います。なんで売れるかは全くわかりませんでした。そんなに早く売れたから、二見専務はもう一度仕入れていいと同意しました。4月も20万円分の電池と放電機能付き充電器数百台を輸入し、またすぐ完売しました。こんなに爆発的に売れましたが、その理由はわからず、私もまだ商売の素人なので、あまり調べませんでした。電池工業会の統計データーを見てニッケル水素電池は年々増加しているから、安心しました。

メモリー効果を解消する機能が評判に

しばらくしてインターネットを調べていると、当時インターネットでデジカメや周辺機器や電気製品を購入して評価する超有名なライターさんのブログを見つけました。このライターさんは2002年3月18日に、ご自分のブログで弊社の製品をP社やT社の国産品と比べて、品質は遜色はないし、充放電器はニカド電池やニッケル水素電池のメモリー効果を解消するリフレッシュ機能があり、大手企業を含めてすべての国産品にもない機能付きで大変良いと書いていただきました。

実は、私はニカド電池のメモリー効果を全く知らなかったのでした。いろいろ調べて売れた理由がいくつかわかりました。

●一つは、当時のデジカメはほとんど単3アルカリ乾電池を4本使って、大体30枚ぐらいしか写真を撮れなかったのです。充電式ニッケル水素電池は約300回繰り返して使えますが、P社などのブランド品は高かったのです。私の売値は電気屋で売っている国産品の半値以下でした。

●もう一つは、私の販売している電池の充電器は放電機能が付いて、ニカド電池とニッケル水素電池のメモリー効果を解消して、全く使用できないニカド電池やニッケル水素電池を復活できたそうです。放電機能が付いた充電器は日本では初めてです。

ネクセルジャパンの誕生

私は日本の市場にはない電池を取り扱って、それも爆発的に売れました。電池の販売を順調に続けているうちに、二見専務はアコス社ではなくて、新しい会社で電池の販売をやろうと言いました。社名を、台湾のNexcell Batteryを参考にしてNexcell Japanとしましたが、日本語にしたくて、台湾の社長に確認して、いいよと言われました。そこで、アコスの子会社を株式会社ネクセルジャパンに変更しました。

台湾の電池メーカーは会社を設立したとき、英語のNext Cell（次世代の電池）からNexcellを造語して、常に次世代の電池を狙って商売しようと計画したということです。私は電池だけでなくNexcellを次世代の製品と解釈して、時代に応じた様々な製品を取り扱おうと考えました。

その後、何回も新聞や雑誌に取材され、地元の放送局にも取材されて放送されました。福井の知り合いはそれを見てすごいと言いました。

二見専務とともに台湾電池メーカーを確認するために、台湾を訪問しようと思いました。当時中国と台湾との関係はまだ微妙で審査が厳しいとのことです。台湾からもらった書類を持って、大阪台湾経済文化センターへ行って、ビザを申請したとき、面接の担当者は意外に親切で数分話し合って終わりました。しかもその場でビザをもらいました。

実は台湾メーカーは電池製造設備ラインをほとんど中国上海に移転してしまい、台湾新竹市の本社はほぼ営業の仕事をしているだけで、後は仕入れた電池の外観や電圧検査をしたり、一部のパック加工をしたりしています。一日間会社を見学した後、工場長の張肇昌さんと営業担当者 Alice と話し合いました。

翌日台北へ行って、市内と中正記念堂を見学しました。二見専務は何度か来たことがありましたが、私は生まれて初めて台湾に行きました。いろいろな珍しい果物を初めて食べました。

自分で自社のホームページを作る

ネクセルジャパンの製品ラインアップは、輸入した単1～単4ニッケル水素電池と充電器を合わせても10品ぐらいしかなかったのですが、私は今後やはりインターネット時代が来ると感じて、本を買って自分で自社のホームページを作りました。しばらくしてインターネットショッピングから誘われて無料で出店できました。10品ぐらいしかありませんでしたが、よく売れました。多いときは一日150件ほどの注文があって、電池を入れ間違って出荷したトラブルもありました。

だんだんインターネットでネクセルジャパンの製品がいいと噂が広まり、法人からの電話やファックス注文もありました。今でもはっきり覚えているのは4本の単3ニッケル水素電池と充放電器を買った方からの感謝の電話です。この方は東京の有名な電話会社の子会社に勤めているそうでした。

「数年間使えなかったニカド電池を復活させて御社の製品は不思議ですね。本当にありがとうございました」

私は初めてお客様から感謝いただいた生の声を聴いて、商売の価値と心からの嬉しさを感じました。

殺すと脅されることも

もちろん良いことばかりではありません。4本電池を買った横浜の個人の方は「買った電池が使えない、お前10万円賠償して。もしお金をくれないと、今から高速で福井に行って殺す」と脅かされたこともありました。そんなに怖くはないと思いましたが、たまたまそのとき、武生のある社長が来社しておられ、そのことを話したらその社長は心配してくださり一緒に会社で夕方まで待機してくださいました。

また、千葉のある男性は、電池を買って製品が悪いと言うので、私が賠償すると言っても、男性は納得せず、電話で喧嘩しました。だんだん私の日本語が変なので日本人ではないとわかってから、突然その人は「私は韓国人で日本人が嫌いだから喧嘩したかった」と言われたこともありました。

製品をお客様に送るには最初、郵便局へ持っていきました。数がだんだん増え、多いときは100個ほどありました。郵便局へ運ぶのも大変でしたので、アコスの北村部長は某宅配便を紹介して、送料を安くしてくれるように交渉してくれました。そして、日本電池工業会が制定している11月11日の電池の日および11月11日から12月12日までの電池の月では販売キャンペーンを大いに行いました。集荷に来たドライバーさんからは「これほど出荷量があって。御社のネット通販は福井で一番でしょう」と言われました。

２年間で約５０００万円の利益が出ましたので、以前ＨＭＤで出した赤字以上は稼ぎました。それで私の気持ちもやっと楽になりました。アコスに迷惑を掛けましたが、何とかして恩返しができたと思いました。

災い転じて福となす

これはまさに諺《ことわざ》で言う通り「災い転じて福となす」です。やはり商売でも強い運が必要です。私は小さいとき体が弱くて、中学まではよく病気をしました。でも親父の話によると、あるお坊さんに「この子は運が強い」と言われたそうです。本当に中学から運が強いと自分でもわかっていましたが、やはり商売の運も強いと言えます。

その後、インターネットだけではなくて、実店舗にも販路を広げようとしました。二見専務はアコスのカタログやイベントを数十年間手掛けている株式会社アドプランプロジェクト　三嶋良晴社長を紹介してくれました。

三嶋社長はメディアノウハウとネットワークを持っておられ、某新聞でニッケル水素電池を新商品として無料で紹介してくれました。早速反応があって、某ホームセンター・雑貨店等と三嶋社長は取引を始めました。また有力な通販会社からは製品の説明がほしいということで、一緒に大阪に行き訪問しました。

説明を終えて帰る途中、大阪梅田駅に着いて電話しようとしたとき、当時の小さい「ガラケー」をどこかで無くしたことがわかりました。記憶の中では天満駅でチケットを買う時無くしたかと思い、そちらに戻ったら幸いにも誰かに拾ってもらっていて駅に預けられていました。嬉しく思いました。日本は本当に安心で安全であることを実感しました。実は私も電車の中でカバンを拾って駅員に渡したこともありました。やはり良いことをしたら、良いことも返ってくるということでしょう。

三嶋社長

三嶋社長は、某大手広告代理店を経てデザイン事務所を設立、デザイナーとして30年のキャリアがあり多数の広告賞を受賞されています。電車の中でデザインの特徴や歴史およびご自分の経験を教えてもらって、私も製品のデザイン力を学びました。それ以来、会社のカタログや製品のチラシなどのデザインをお願いして、お客様からもすごくいいデザインだと言われています。

まとめ

中国の〝人間万事塞翁が馬〟という諺の通り、初めてＨＭＤで大きな失敗があってもその中の部品である電池を見つけて商売がうまくいきました。これは、やはり創業時私の商売の熱心さにより結び付けた結果だと思います。つまり失敗があっても成功の種を撒いたのはたゆまず続けて努力して成功の道が開けられたということでしょう。生まれつきの天才や能力あるいは出身等も大事ですが、毎日常に勉強し努力するのはビジネスの基本です。実はどんな事でも同じ理屈だと思います。

第3章

遂に独立。日本で創業

商売で印象に残った五つのこと

日本の会社が100％良品を作れるわけ

この間の商売で印象に残った五つのことについてお話しします。これらは私のビジネスに大きな影響を与えました。

●一番目は日本の会社はどうして100％良品を作れるかということです。

発端は、数社を経由して有名な携帯電話会社に提供したブルートゥースに使うニッケル水素電池の品質管理でした。

2004年11月、四社の品質管理者を連れて上海へ行き、電池会社の工場を視察しました。四社の品質管理者は現場に行く前は「電池の製造工程をあまり知らないから現場を見るだけで日本に戻る」と言いました。ところが、午前9時から職場を見終えたら、100ほどの質問をしました。例えば電極板の切断刃の研磨回数、指サックの交換頻度、火花の品質への影響等いっぱいありました。

その日午後の便で帰る予定でしたが、チケットをキャンセルして現場の作業社員を呼んだり、記録データーや試験資料を見たりして、深夜1時まで質問を繰り返しました。

その後日本に戻っても、いろいろ指摘されたことに対する改善策についてメールや電話や写真等で確認が行われました。すべて納得してもらうのに約二ヶ月かかりました。そして最後には「電池の品質を100%保証してください」と言われました。

それを聞いた電池メーカーの社長は怒って「保証できない」と言いました。そこで、お客様の担当者は「そう言われても仕方はないが、完全な良品を作るには、こうするのが一番の早道です。まず全工程のリスクをすべて除去することと、今後顧客からのトラブルがあったときは原因究明後対策を取ることによって、徐々に完全な良品が作れるのです。日本のメーカーはこのような作業を繰り返して、品質が良い製品を世界に販売できて信頼されています」と教えてくれました。

私はその内容を工場の皆さんにわかりやすく説明しました。彼らはなかなか難しいと言いましたが、私にとっては大変勉強になり、日本製品の品質管理に対する認識を一気に高めました。

製品の品質に対する認識の違い

●二番目は製品の品質に対する認識です。

初めてお客様からのご依頼で電池パックを作ったときのことです。中国の協力会社に依頼して作らせる際多めに作らせました。お客様の注文数は100台でしたが、中国メーカーは102台作りました。私はそのまま納品して、100台分を請求しましたが、2台は無償で提供しました。するとそのお客様から電話があり「どうして2台無償でもらえるのですか」と聞きます。私は「もしかしたら不良品が出るかもしれないので、2台ただで差し上げます」と答えました。それに対してお客様から「作った製品の品質に対して全く問題はないという自信がなければ取引をやめます」と言われました。

これはかなりカルチャーショックでした。中国では普通ただで数台もらうと喜んでいますが、日本では逆に品質に対する不安を感じるのです。

例えば日本の店でカメラ等を買うとき、日本人は箱を開いて確認しません。中国では確認しないともし不良品だった場合、買主の責任となります。実は、上海で買った携帯電話は数日使って壊れましたが、買ったときにそれをよく確認しなかったという理由でなかなか交換・返品をしてくれなくて本当に腹が立ちました。

大手企業より小さい会社の強み

●三番目は大手企業より小さい会社の強みです。

電池の打ち合わせのために、日本のある上場会社の岩手県の工場を、私一人で訪問しました。こちらは一人なのに先方は何と購買・電気・品管・設計・技術・企画等の部門で合わせて17人出席されました。このような場面は初めてでかなり緊張しましたが、1時間半の間それぞれの部門から出たいろいろな質問に対して、私は全部丁寧に回答することができました。その後初めて連絡した担当者に「なんでこんな人数が来たんですか」と尋ねたら、「それぞれの部門は別々で、ずっと単純な仕事を続けているため、わからないことがいっぱいある」と答えてくれました。

このとき、大手企業は確かに資金や人材やブランドなど強さを持っているが、小さい会社に勤めている人は何でもやるから、いろいろな経験があり逆に強いと改めて思いました。それ以降私は日本の大手企業と相談したり打ち合わせしたりするとき、全く恐れずに自信を持って堂々と話せるようになりました。

短時間でうまくアピールできる力

●四番目は短時間でうまくアピールできる力です。

横浜の携帯電話のアクセサリーの会社を訪問したときのことです。その会社はずっとアルカリ電池を使っています。担当者からは「弊社は年間数十万のアルカリ電池を使っていますが、他にニッケル水素電池やリチウムイオン電池やボタン電池などがあると聞いても、正直あまりわからないから、私みたいな素人でもすぐわかるように説明してくれますか」と依頼されました。

私はその場で電池の知識を整理して5分ぐらい電池の種類と区別をまとめてわかりやすく説明しました。すると「ジンさんの説明は今までで一番良くて十分わかりました。これで貴方を信用できます」と大変喜んでくれました。私も嬉しくて、営業するときはお客様に必要な製品の知識だけではなくて、お客様にわかりやすくアピールできる力も大事であることがわかりました。

それ以降、短時間で製品のポイントと要点をお客様に説明することを常に心がけています。ビジネスするとき、競争が激しいとき、製品力や営業マンのアピール力が必要なことはもちろん当たり前ですが、これらの能力の必要性は会社全体に当てはまります。

ビジネスの信用の重要性

●五番目はビジネスの信用の重要性です。

2005年春、インターネットで見つけたある台湾メーカーからCD－Rディスクを1万枚購入しようとしました。これは当時流行っていて売れる商品でした。一日でも早く仕入れたかったのです。

貿易は全部前金で払うのが習慣で、しかも台湾メーカーは私と会ったこともなく、全く知りません。当時日本のH銀行の外国送金は午前11時過ぎだったら、翌日の振込み扱いとなります。私は当日11時過ぎ、電話で台湾のメーカーの担当者である葉さんに「今日は送金できないが、早く輸出の手続きをしてくださいませんか」と電話しました。数分話し合って、葉さんは「ジンさんの声を聴いて、信頼できる人だと思ったので、私は先に手続きをします。普通あり得ないことですが、あなたを信用します」と言われました。

私は会ったこともなくて声を聴いただけで信用されて取引できたことに自分でも驚

きました。信用の重要さをしみじみと感じました。

まとめ

農業の技術がなくても春なら種を地面に撒けば収益がありますが、冬はそれが無理です。温室ハウスとノウハウが必要で、素人としては春に仕事をした方がコストは低いです。

創業者としての私は、電池の知識はなくても市場を知らずに偶然デジカメ時代にマッチしたニッケル水素電池の商売が当たってうまくいきました。たまたま運が良かったのですが、その後はよく努力し、やはりインターネット時代にマッチする正しい方法を使いました。

商売するとき市場のトレンドを判断するのはすごく大事です。製品の品質に対する製造全工程をしっかり管理して、可能性があるリスクを全部除けば最後には１００％良品を作れます。

ビジネスは製品だけではなく、営業マンのアピール力も必要で、これは会社全体に当てはまります。

プラスチック加工機械の輸入・販売で大苦戦

電池が発火のクレームが出た

台湾から輸入しているニッケル水素電池は格安で売れていましたが、バラツキがあって、販売を始めてからいろいろなクレームが数多く発生しました。通電しない、充電できない、液漏れする、充電器のノイズがひどい等、この電池の品質は良くなくて、台湾メーカーもなかなか改善してくれなかったので大変不安でした。特に、充電式電池は不注意で短絡させたら、破裂や発火の恐れがあります。

2003年春、電池が発火したというクレームが出ました。得意先はお客様の家へ行って謝り、床のリフォーム費用50万円ほどを負担してくれました。そこで、電池の取引を縮小して別の商売をしようと考えました。アルカリ乾電池はそのようなクレームはあまりないが、当時私は会社のスローガンを「充電池が環境にやさしくてエコだ」と定めていたため、充電できないアルカリ乾電池やボタン電池等使い捨ての電池を輸入販売したくなかったのです。

そこで、何回も中国へ行って電子部品関係の展示会を見学し、雑誌を買ってもっと良い電池メーカーがあるかを探してみました。しかし、当時中国の電池メーカーは品質がそんなに良くなかったので、見学してもなかなかいい仕入先を見つけられませんでした。その結果、売上は伸びず、かなり悩みました。

ついにアコス社から独立

4年間会社を経営した経験があって大体会社の仕組みとやり方はわかっていたので、

大きな失敗はなかったと思います。とはいえ輸入している電池の品質はあまり良くありませんでしたから、もし大きな事故があって新聞に掲載されたら学校や病院などへ食品を販売しているアコス社に大変な迷惑をかけます。そこで二見専務と相談して、独立しようとしました。すると、二見専務はこう言いました。

「今、ジンさんのやっている製品のことは私はあまりわからないから、アドバイスもできません。この4年間やった実績があったし、もう独立しても大丈夫だろう。しかし、今までやったことを見て性格的には冒険が好きだとわかる。経営したらもうちょっと慎重にやりなさいね」

そこで、私は家内と一緒に貯金した1000万円を資本金にして、2006年3月新しいネクセルジャパン社をアコス社の建物の一角を借りて設立しました。それまでの在庫品やお客様を全部譲り受けて商売を始めました。貯金はほぼゼロとなっていましたが、もう一度利益の出る新商品を見つけ、輸入販売してみようと考えました。

こうして、独立して商売で一人前になろうとしますが、商売の経験はまだ小学生みたいなものでしたので、いつも謙虚な気持ちで商売を勉強しなければならないと覚悟して、信用第一でお客様に信頼されるような会社をしっかり作ろうと心に決めました。

そして、経理全般をアコス社経理部長　鈴木敏弘さんに、税理関係を二見専務の紹介で福井の伊藤税務会計事務所に任せました。

プラスチック加工機械と出合う

2000年冬頃福井県越前市（当時は武生市）にある株式会社明光建商　塩谷昭文社長と知り合いました。塩谷社長は防水・建築・工事等の関係会社を経営していますが、新商品の開発や研究にすごく熱心で、いろいろな新商品で会社を大きくし安定経営しておられます。また、外国に対する偏見は全くなく、むしろ他国の良い所を視察して、吸収しています。一般の人の何倍もの向上心と勉強心を持って様々な商品に興味を持ち、いつもメモしたり、撮影したり情報収集をしています。

アコス社の鈴木さんと一緒にいたとき

明光建商の塩谷社長と山口部長と西安にて

塩谷社長は自社の業界以外にもいろいろな協会やグループに参加、講演会にも熱心に出席して、県外内では知り合いが大変多くて情報が豊富です。私は塩谷社長に出会ってから、一緒に中国へ20回ほど行きました。困ったときにも相談できるし、いつもいいアドバイスと助言をいただいております。いろいろなことで大変お世話になっておりました。

2005年春、塩谷社長はプラスチック加工機械を買おうとする越前市今立町にある日本プロファイル工業株式会社　高野治士社長を紹介してくださいました。高野社長は越前市ハッポー化学工業株式会社　奥野社長を紹介してくださいました。この両社とも樹脂を溶かして、板を作る押出機を使っていますが、日本製はあまり高いので、半分以下の値段で中国製のプラスチック加工機械を購入しようということでした。

樹脂加工の本を買って勉強

私はもちろんプラスチック加工機械のことは全然わからなくて聞いたこともなかった製品ですが、従来通り樹脂加工の本を買って勉強しました。機械の種類やそれぞれの原理や部品が大体わかってから、インターネットで中国のプラスチック加工機械メーカーを探したり、中国の知り合いに聞いたりして品質の良い会社を調査しました。

私、南山部長、寧波の許と周、高野社長、奥野社長

結局中国のトップクラスの上海金湖機械有限公司や寧波方正機械有限公司、張家港貝爾機械有限公司を見つけました。そして、事前に何回も電話して連絡・確認した上、2005年8月10～15日高野社長、奥野社長と設備部　南山博一部長と一緒にそれらのメーカーの工場を視察し、経営者と打ち合わせました。

数回訪問して打ち合わせた後、高野社長と奥野社長は、押出機が得意で年間1000台ほど全世界に出荷している中国大手の金湖機械有限公司に依頼しようと、2005年10月、決定しました。

攪拌機は貝爾機械有限公司に依頼しました。貝爾社の何徳方社長と劉峰副社長と何回も会って話して、人柄が良くて仕事に対する真面目さを感じました。当時人口60万人の小さな町の町工場から急速に発展して、今や社員約５００人、敷地面積６万平方メートルの大工場となっています。

夜11時頃まで図面や仕様を確認

押出機製造ラインを作るには、日本側の機械の図面と具体的な仕様（電気、センサー、サイズ等）の要望を金湖社に渡して、要望した仕様に合う機械ラインを作らせるようにすることが必要です。押出機ラインは、粒子状の樹脂からきれいな板を作るもので、数台の独立した機械（樹脂投入機、押出機、金型、成形機、冷却、引取機、切断）を組み合わせてできています。それぞれの行程が違っていますので、一つずつ細かく打ち合わせました。中国に行ったとき、いつも滞在は短時間の2、3日間でしたが、遅いときは夜11時頃まで図面や仕様を確認しました。

また、ハッポー化学工業社は日本製のモーターを使いたいので、中国へ輸出しなければならないのですが、当時中国税関の管理が大変厳しく、いろいろな手続きが必要で、大変時間がかかります。そこで、当時荷物をよく通関してくれた名古屋の通関会社の友人　叢潔さんの紹介で親しい知り合いの劉さんに頼みました。劉さんは中国張家港市に工場を持っているので、日本製の部品を早く中国の工場に届かせました。こうしてそれを押出機に組み立てようやく機械を完成させました。

また、私と明光建商塩谷社長は中国への数日の視察を終えてから上海で別れ、塩谷社長は翌日日本に帰りました。その際に、塩谷社長は同じ越前市のハッポー化学工業社をよく知っているので、ハッポー化学工業が必要な部品を日本に持って帰ってほしいとお願いしました。私は簡単に思いましたが、実際には、その部品はかなり重くて百キロ以上あったということです。翌日は朝6時の出発でしたし、あいにくの雨でした。塩谷社長は道路の脇に1時間立ったままタクシーを探しました。重い荷物を車に運ぶのも大変な苦労でした。また、言葉が通じないから、上海浦東《ホトウ》空港で荷物が重量オーバーし、なぜ飛行機に載せるのかを空港の人に説明するのも大変でした。その後私は日本に帰って塩谷社長からそのことを聞きました。その節は、本当にご迷惑をおかけしました。

6日間で7回飛行機に乗る

ハッポー化学工業社のオリジナル生産ラインを作っているとき、小林技術部長や南山部長や松村さんらと一緒に数十回ほど上海金湖機械社に行って、使用されている部品の仕様修正や製造会社の確認をしたり、重要な部品メーカーへ視察と確認をしたりしました。

一番忙しかったのは往復を含めて6日間の出張でした。現場で部品を確認するために毎日飛行機に乗って中国各地の部品メーカーを視察しました。深夜1時頃にホテルに着いて会社やお客様からのメールを処理すると午前2時から3時頃になり、少し寝て朝一番に出迎えにきた車の中でも寝ました。この6日間で7回（帰った日は空港でそのまま日本帰り）飛行機に乗りました。南山部長は「俺たちは操縦士みたいですね」と言われました。

また、ある時は私が先に中国の南から上海へ行ったので、南山部長は一人で上海浦東空港に着きました。金湖社の運転手さんが出迎えに行ったのですが、なかなか南山部長を見つけられません。2時間待っても、南山部長がどこにいるかわからなくて、すごく心配しました。何回も電話しましたが、携帯電話は通じませんでした。結局南山部長は空港から出たときに、自分の名前を書いた札が見えなくて、空港1階の外でタバコを吸っていました。本人は出迎える運転手が遅れたと思って、ずっと待ったが、全く心配しなかったと言いました。他の日本人でしたら、たぶん心配で冷や汗が出るでしょう。やはり同じ出来事にあっても、対応はその人によりますね。

私は一人で金湖社に行って生産ラインの現場を確認したこともありました。それで金湖社の袁海苗社長と仲良くなり、袁海苗社長は私を信用して金湖社内に自由に出入できるようにしてくれました。また数日間にわたって金湖社の車を借りて中国国内を、あっちこっちへ行ったり、金湖社の空いている社員の宿舎に泊まったり、社員食堂で食べたりしました。

また、ラインが完成する前、ハッポー化学工業社の使っているＡＢＳ樹脂原料を金湖社に送ったとき、樹脂の輸入は大変難しく、ＭＳＤＳ資料を含むいろいろなデーターを提出したりして、金湖社も上海の税関での人脈を使って何とかして通りました。また、ハッポー化学社はラインでその原料を使って試運転するには、中国の三相電圧３８０Ｖではなくて、日本と同じ三相２００Ｖを使うから、金湖社に頼んで、大きな変圧器を借りました。

試運転に感動

日本の原料を使って、２００７年9月下旬、２日間試運転しました。小林部長ら数人を連れて現場で出来上がる途中の製品や温度や機械の状態等を確認しました。

１年以上かかって組み立てたラインを試運転したとき、溶けた樹脂を板にしたラインを見て感動しました。上海の工場長やスタッフおよびお客様と一緒に、１年間すごく労力をかけて出来上がった機械を見て、やっと商売になった嬉しさがありました。

しかし、原料乾燥、樹脂混合、押出、金型、製品成型、冷却、引張および切断と八つの部分を組み合わせた22メートルほどの機械ラインなので、一度では完璧に完成させることはできませんでした。いろいろな場所を修正したり改善したりして、一ヶ月後もう一回試運転しました。その時は一応大丈夫で、これで完成だとお客様は言われました。それから、輸出の規格に合わせて梱包したり、通関手続きをしたりしました。

上海からラインを無事に輸出して２００７年10月20日、日本に到着しました。通関を終えてハッポー化学工業の工場に運んだとき、トラブルが発生しました。そのトラブルとは、機械が大きくて、トラックの幅より若干広いから、高速道路を走るときに、危ないということです。すでにトラックに載せたので、また降ろして神戸港に置いたままにすることはダメでした。中国上海金湖機械社の作業指導担当の二人はすでに日本に来ていましたので、早く設備をお客様の工場に運ばなければなりません。結局トラックの運転手さんは深夜出発して早朝の5時頃福井に無事着きました。これも冒険でした。

最後は日本人技術者が完成に導く

上海金湖社のその二人は10日間福井にいて試運転を調整しましたが、最後どうしてもうまくラインを組み立て直すことができませんでした。二人は全く福井の観光をせず帰りましたが、空港へ送る途中やはり文句を言いました。

その後経験豊富なハッポー化学工業の技術者は何とかして調整して完璧な生産ラインを作ることができました。

大変苦労しましたが、やはり仕事で得た感動が心の中にずっと残っています。これはやはり人間にしかないものだろうと思います。この喜びや苦しみは人生の経験を豊かにしてくれ、人間を成長させることになります。

この仕事を終えて1年ぐらい経ってから、仲良くなった金湖社の袁社長から電話をもらいました。「金湖社をやめて創業したので、また押出機械などを買ってくれるなら安く売りますよ」と言われましたが、私はもう買う気にはなりませんでした。

それから10年ぐらい連絡をしなかったのですが、ある日別の知り合いから「袁さんが1年前に自殺した」と言われました。私はすごく驚いて、自殺の原因を聞きました。袁さんは会社を作って初めはかなり儲かったのですが、だんだん資金繰りに困り、大きな借金をしました。その借金の返済ができなくて悪循環に陥り、最後は数千万元（数億円）の借金と利息数百万元となり、大変苦悩したということです。そしてある日の夜自動車に乗って猛スピードで高い橋から海へ落ちて自殺し数日後見つけられました。袁さんはまだ若く、40歳ぐらいでした。奥様と小さい子どもさんを残して自分の人生を終えました。ご冥福をお祈りします。

いろいろな物の貿易を試みる

高野社長が今度は、ドア用の合板や集成材およびフィルムを張り付ける機械および竹のフロアーを買いたいとおっしゃるので、中国の福建省厦門《あもい》市と三明市、山東省青島市、浙江省臨安市等工場数十社を視察しました。

特に三明市に行ったときは大変でした。空港を降りて出迎えに来た車は山の中を4

時間走り続けました。深夜三明市に着いたら豪華なホテルがありました。そこにはアジア最大の集成材を作る工場がありました。工場の面積はサッカー場の百倍ほどあります。

日本プロファイル社の高野社長は、いろいろな製品に興味を持っておられたのでホームセンター向けのコタツや竹製品や合板などを作る工場を案内し、一緒に見学しました。

浙江省臨安市の山にある竹のフローリングの工場では、日本の基準をクリアするため日本製の接着剤を中国工場に送って加工していましたが、大手林業会社が日本での独占権利を有して、高野社長には売らないということでした。ただし、高野社長は現場があまり汚いから本当に日本のお客様は納得するかと疑問を持っていました。

その後、中国のプラスチック加工機械を日本で販売しようとして、何度も展示会に参加してもなかなか難しく大きな商売にはなりませんでした。例えば、ペットボトルを作るためのプリフォームを製作する世界最大メーカーから仕入れて、展示会で知り合った富山県高岡市にある会社に3年間ぐらい売りましたが、薄い利益しかなく、原料の値上げで商売はずっと続くことはありませんでした。

最悪の仕入先

私の真面目さを知っている高岡市のある会社が、砺波市にあるプラスチック加工会社を紹介してくれました。その加工会社の社長がコンプレッサー（圧縮機）を買いたいというので、天津のコンプレッサーを仕入れて売りましたが、コンプレッサー会社は私の知らない間にその会社を訪問しました。しばらく使用していると、機械のトラブルが続発。直接メーカーに連絡したそうですが、対応が大変悪く、仕方なく私に連絡してきました。私は誠意を持って部品を買ってお客様に無償提供しましたが、最後はどうしても修理できませんでした。私はその社長を連れて天津コンプレッサーの社長に会いに行きました。

しかし、天津コンプレッサーの社長は自分の機械の設計欠陥を認めず、「ヨーロッパの技術を使っているから品質がいい」とか「他のお客さんは全然問題があると言っていない」とか「買った機械はもう修理できないからもう一台買ってください」などと言って、お客様の意見を全く聞き入れず、自分の言い訳ばかりしました。そこで、加工会社の社長は大変不満で大喧嘩しました。あまりにも怒って「お前は本当にバカだ」と言い捨ててオフィスを出ると天津空港に直接行きました。私もすごく怒りました。このような悪い仕入先と付き合ったのは初めてでした。

北の会社とは商売しない

滋賀県東近江市にある会社の社長が知り合いの紹介で福井にやってきました。自社の敷地で天然水を掘ったので、中国製の水を充填する機械ライン一式を買いたいと言いました。そこで、一緒に中国に行って3社の充填機械を視察しましたが、安い物がほしくて、最後上海の小さい会社の機械を買いました。その社長はいろいろな質問をしましたが、上海の小さい工場はよく対応してくれました。

しかし日本でデザインしたラベルを上海で印刷するのが、なかなかうまくいきません。エンジニアリング出身の社長は何とかして解決しましたが、このようなトラブルがあって、上海の社長も自分の力不足を認めて機械の値段を安くしました。ほぼ同じ時期に起こった天津でのコンプレッサーのトラブルとは好対照でした。

私はいろいろな品物を扱ってみて、南の台湾・深圳・上海の会社の商売と北の天津の会社の商売とを比べてみることができました。天津の会社の対応があまりに悪かったことと以前、西安の会社でも悪い経験をしたことから、私は中国の北方にある会社とのビジネスはしないことにしようと思いました。そして仕入先の大切さを十分に感じて、もっと良い仕入先を慎重に選ぶように心得ました。

機械の商売は金額が大きいから、一度買った製品は数十年買わないから、続けるビジネスとしては難しいです。しかも、部品の提供やメンテナンスも必要です。特に日本のお客様は大変細かくていろいろな要望が多く、アフターサービスが悪いと非常に困るし、なかなか商売を続けるのは困難となります。

ビッグサイトで開催された2007年3月のプラスチック加工機械の展示会では、ST社技術研究企画部長と知り合い信頼されて、農業用のフィルムの加工機械を必要とする会社を紹介してくれました。この会社のエンジニアさんと一緒に2007年10月から2008年10月まで中国を4回訪問しました。

まず広東省汕頭《すわとう》市にあるフィルム製造機械社のハウス向けの高級フィルム加工機械ライン（押出機、ダイス、風リング、安定機、引取機、カッター装置、巻取機および制御システム等）を2回視察しました。その後中国大連および長春へ行き、それぞれの農業用のフィルムの使用状況を確認しました。ほぼ問題なく2009年春から購入するということでした。この取引の売上高は3億円ほどあり、4000万円の利益が出ると計算しました。この商売ができれば後述する新事業である空気亜鉛電池のために資金が捻出できて大変楽になると思いましたが、最後はお客様の厳しい要求を満たすことができなくてやめました。大変残念でした。

結局機械の商社としては成り立ちませんでした。

まとめ

全くわからない業界や商品でビジネスしようとするなら、まず恐れずに謙虚な気持ちでしっかり勉強しなければなりません。また誠心誠意でお客様の満足する製品を提供するのは大事です。わからないとき、正直に連絡して対応することが大変重要です。また、いい仕入先がなければ、商売にはならないし、お客様を失うから、良い製品を提供する仕入先は非常に重要です。このような経験に基づいて商売をだんだん大きくしますが、やはりいろいろな要素が絡むので、うまくいかなくても諦めずに次の商売チャンスを続けて探してみます。

中国の西安と上海で創業

インクジェットプリンター用の互換インクで失敗

２００１年12月ＷＴＯに加盟した中国経済は急速に成長して、様々なビジネスチャンスがあってうまく経営した人々は大いに儲けました。そのとき私は西安でＨＭＤ製品の組み立て・販売で大変苦労して、大きな損が出ました。その損を何とかしてカバーできないかと考えたとき、２００５年7月、西安の友達に紹介され、開発が得意な人と知り合いました。

その人は開発が得意でオリジナルの技術で黒とカラーインクが開発できるというのです。そのインクはＨ社・Ｃ社・Ｅ社のインクジェットプリンターに全部使用できるそうです。サンプルを日本で販売しているインクジェットプリンターに試用してみると問題はありませんでした。液体のインク自体は百分の一ぐらいの安さですが、インクジェットプリンターによってパッケージが様々な形をしており、合計数百種類ありました。それに合わせると金型代が数千万円かかります。とりあえず当時市場でよく売れたE社のプリンター四種類を選んで金型を作らせました。

私は西安の会社を兄に任せて、兄はいろいろな対応をしてくれました。数ヶ月経てやっと出来上がった製品を試用して問題はなかったようです。そこで、中国国内に営業・販売しましたが、トラブルが発生しました。インクのパッケージにある空気が入る溝に問題があったようで、金型の精度なのか貼り付けたフィルムの問題なのかはわからなかったのですが、インクがうまく出ない製品が多数出ました。日本に輸入した製品にも同じ問題がありました。結局全部捨てました。

兄と展示会（真ん中の二人はインクの専門家）

この商売ではトータルで1000万円ほど失いました。もう私にお金はなくて中国でいろいろな融資を相談して、いろんなベンチャーキャピタルと打ち合わせました。そのうちのイギリスの会社は大変興味を持ってくれて「1億元投資しよう」と言いました。その会社がインターネットを調べたらインクの開発者である陳さんが数万元でそのインク製造技術を売ろうと書いたので、イギリスの会社は陳さんにいろいろ説明を求めましたが、相手は納得せず投資をやめました。兄は西安で約3年間頑張ってくれましたが、なかなか利益が出ないので、最後には会社を解散しました。

上海で創業を決意

私はしばらく日本で電池等の輸入でネクセルジャパンを経営しておりましたが、知り合いが数年間で社員数を50人から800人までに増やして、それほど才能も知識も学歴もないにも関わらず大いに儲けているのを見て、もう一回中国で創業しようと思いました。その頃から海外で留学して中国に帰って創業した人に対する政府のバックアップもだんだん強くなりました。

2007年4月、次男は小学生5年生となり、長男は大学に進学したので、中国上

上海で張奇真さんと一緒に撮った写真

海に行って創業しようと思いました。その理由は三つあります。

1. 大学の同窓生で仲の良い張奇真さんが北京で10年間車関係の某社のソフトウェアの代理店として数百社に販売した実績があって、ずっと上海で支社を作ろうと思っていたため、一緒に経営するかと誘われました。

2. 上海市華夏西路《かかせいろ》には電池工場があり、社長の好意でその宿舎に泊まることができて、仲の良い知り合いもいます。

3. その電池工場から約30分の張江鎮には上海浦東《ほとう》日本人学校があり、次男をその学校で勉強させることができます。

そこで、ネクセルジャパンの仕事を社員二人に任せて、コツコツと貯金した１０００万円のうち９００万円を持って、上海に行きました。もう一度貯金はほぼゼロとなって頑張ろうと決心しました。やはり冒険ですね。

上海徳以思科技有限公司を設立

私個人は51万元を、張さんの北京の会社は49万元を出資して、上海浦東張江鎮で100万元資本の上海徳以思科技有限公司を設立しました。私は社長として、スタッフを募集して北京で張さんがやっているPLMソフトウェアの販売をやり、従来からやっている電池やプラスチック加工機械を日本へ輸出する仕事も合わせてやることにしました。

8月の上海は大変蒸し暑く、しかも蚊がいっぱいいます。電池工場の宿舎にはエアコンはなくて、一晩中扇風機をかけても耐えられません。私は7日間我慢しましたが、何日間も夜寝られなくてやはり気力と体力がなくなります。たまらずある晩夜1時頃近所のビジネスホテル錦江之星に逃げました。

また、上海日本人学校に行って次男の入学を相談したら年間120万円の支援金が必要だと言われました。またその学校の周辺には賃貸マンションや住宅はありません。近くのマンションを見学したら売値は約100万元（約1500万円）で、とても高くて買えませんでした。結局家内は次男を連れて福井に戻りました。ちなみに、上海のマンションはずっと値上がりが続いて、当時見たマンションは現在約1億円となっています。

ソフトウェアは私の全く知らない分野ですが、一生懸命に勉強しました。スタッフ2名を雇って、張さんの従来のお客様である上海周辺の工場や支社に電話帳を開いて営業をかけました。毎日5社に電話をかけました。また、偉くなった昔の知り合いと会ってお願いしました。また、私は上海周辺の日系会社は製造業が多くて、需要があると思って、日系雑誌にも取材を受ける形で広告を出しました。経験豊富で中国におけるこの業界をよく知っている張さんも他の社員も何回も上海へ応援に来ました。

ソフトウェアの仕事が動き出す

2007年10月から11月にかけて数回プラスチック製品を製造する上海の会社に行って打ち合わせました。その結果、その会社に必要なソフトウェアを提供して、データーを導入する仕事を実施するという契約を交わしました。上海のエンジニアリングのスタッフは1人しかなくて、北京の会社の支援もあって、お客様のデーターをまとめながら、ソフトを導入して、徐々に仕事を進められるようになりました。

また、熱心で真面目な営業を行ったので、数件のソフトウェアを購入してもらえる可能性がありました。また、北京の会社が受注した西安などの仕事についても、上海からエンジニアリングのスタッフを派遣して、そちらの仕事を支援したり、西安・昆明に出張して少し稼いだりしました。ソフトウェアの仕事は他のビジネス、例えば製造などに比べて、在庫はないしコストは少なくて、ほとんど人件費や営業費および事務費です。このままいけば1年間で黒字になるだろうと思いました。

上海で新しい会社を経営していた頃、ノートパソコンを使って毎日ネクセルジャパンとやり取りして、製品の仕入をしたり、お客様の見積をしたりしました。2007年夏まで弊社の仕入先であった中国のある電池会社の担当者・呂麗玲さんはサービスが良くて、信頼が高くて、よく連絡して仕入しました。しばらく連絡できないので心配していたら、10月頃出産されて退職したというメールを見て、次は弊社の中国窓口として働いてもらえないかと依頼しました。どんな仕事や製品をお願いしても一生懸命に探して、よく対応してくれました。現在も仕事を続けております。

電池の通関を巡るやりとりに冷や汗

呂麗玲さんと武漢にて

上海の会社を巡る出来事の中で一番印象に残ったことは、2015年5月に輸入した電池に印字の間違いがあったときのことでした。お客様は大手企業で納品は一日も遅れることはできません。そこで急遽中国へ行って翌日印字なしの電池を130本持ち帰ることにしました。アメリカ同時多発テロ事件以降、どの空港でも電池を厳しくチェックしていて、その電池はエネルギー密度が高くて、税関の検査では絶対飛行機に乗れない物でした。

深夜に着いて空港に泊まり翌日朝一番の飛行機で上海を経由し日本に戻りました。その日、武漢の空港でチェックインしたときはスーツケースの電池をエックス線なしで通りました。私は嬉しくて、見送りの呂さんに帰ってもいいからと言いました。空港の中で1時間待機しても何もなかったのですが、飛行機に乗ろうとすると搭乗前に、空港のアナウンサーが私の名前を呼び、スーツケースをもう一度検査する必要があると言いました。仕方なくしばらく待っていると、税関検査員はスーツケースを持ってきて、開くと全部電池でしたので飛行機には乗れないと言いました。私は事前準備したメーカーの文章を渡して「大丈夫だよ」と一生懸命に説明しました。相手は初め「電池は全くダメです」と言いましたが、私の熱意に感動したかはわからないですが、しばらく考えて「それでは、あなたが100％問題ないと言ったことを信用します」「上海でもう一回税関の検査をしないように直接日本に送るようにします」と言ってくれました。本当に良かったです。その方も電池の危険性がわかっていますが、やはり私を信頼してくれました。本当にありがたくて感謝します。これも仕事中忘れられない良い運気でした。

空気亜鉛電池の製造に乗り出す

２００８年1月末頃得意先の日本トリカ社の野村さんから「T社が空気亜鉛電池の製造をやめる」というメールをもらいました。そのとき私は中国製の空気亜鉛電池を輸入・販売していましたが、液漏れや短寿命の不良が多かったのです。これを聞いて、いろいろ調べてみると、この電池は当時P社しか製造していなかったし、世界でも他に4社しかメーカーがなかったことがわかりました。大変いいチャンスだろうと思いました。

しかし、お金はなくて、電池の製造経験も全くないし、もともと製造業はあまり好きではないので、自信はなかったのです。そこで、電池の製造を長くやっている知り合いと打ち合わせました。彼は自信満々で「やりましょう」と言いました。

こうして、上海の会社を他の人に任せて日本でこの新しい事業に取り組んでみようと思いました。これには実はもう一つの理由がありました。家内の健康があまり良くなかったのです。私は長く上海にいて、全然面倒を見ることはできなくて、大変心配でした。次男はまだ中学生で、指導したり教えたりすることも多いからです。

上海の仕事は半年しかやっていませんでしたから、いろいろな原因で中途半端になってやめたことには、自分としても納得できなかったし、友人の張さんに大変申し訳ない気持ちでいっぱいでした。

まとめ

上海で新しい事業をやるときは、福井での創業とは違い、やはり全く新しい事業ですからよく勉強しました。知り合いのバックアップと従来の経営経験を生かして早い段階で売り上げがありましたが、途中でやめて中途半端なこととなりました。いろいろな原因がありますが、やはり残念でした。途中でやめたのは自分の性格には合わないし、良くないと思いますが、将来のために選択しなければなりません。

第4章

空気亜鉛電池との格闘

空気亜鉛電池の設備を購入

数億円規模のビジネスチャンス

２００８年2月7日から二週間、中国全国は春節で休暇なので、私は日本に帰りました。すぐ野村さんに確認したら、「日本トリカ社の野呂社長はもともと空気亜鉛電池の工場長で、自分はT社の営業マンでした」と「T社が本当に空気亜鉛電池をやめることは間違いありません」と言われました。そこで、２００８年2月14日、日本トリカ社に行って打ち合わせることが決定しました。この日は私の48歳となった日でした。何かいいプレゼントがあるかなぁと思いました。

私は2月13日にアメリカから東京に来た知り合いと合流して、翌日一緒に日本トリカ社を訪問しました。野呂社長からいろいろな事項を聞いたとき、空気亜鉛電池（業界ではＰＲ電池、通称空気電池という）のすべての設備だけではなく、塩化チオニルリチウム電池（業界ではER電池という）のすべてのラインも一緒に売ろうとしていることが初めてわかりました。しかも、設備だけではなく土地も一緒に売るので、従業員もそのままで雇用してほしいという内容でした。金額はまだ聞いていませんでしたが、数億円必要だろうと思いました。これは大きなビジネスチャンスですが、当時二人しか社員がいない我が社にとって売上1億円はあまりハードルが高すぎてほぼ無理だと思いました。

空気亜鉛電池はすき間商品

空気亜鉛電池は補聴器のみに使用される「すき間商品」なので、福井に戻ってから、日本の20年間の補聴器の販売台数と世界、特に欧米および中国の老人数と補聴器の統計データーなどの情報を収集・分析しました。塩化チオニルリチウム電池も大変特殊で、電力やガスやロボットなどの大手会社で必ず使用される製品で、日本ではT社とM社しか作っていません。まさにすき間商品で競争が少なくて利益が十分に確保できます。

私はこの二種類の電池を中国から輸入販売していますから、自分の経験でもそのビジネスの良さを把握していました。よく考えて、それらを日本で製造したら、確実な商売ができて、会社の信用度を大きくアップすると信じ、何とかしてSさんを説得しその設備を買おうと決心して野呂社長に依頼しました。

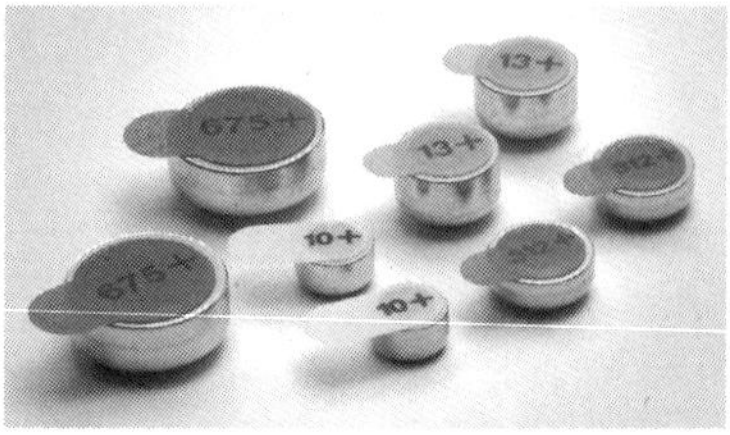

空気亜鉛電池（補聴器専用）

その後、静かに日本トリカ社からの連絡を待っていましたが、半年間も返事は全くなかったのです。じっと待っているのも商売です。これは待機（機会を待つ）だと思いました。

初めて日本の会社に騙される

この間2月末に3日間社員二人を連れて上海の電池の製造現場を見学させ、同時に上海の町を楽しみました。また、5月に家内と一緒に韓国に行って展示会を見学して韓国の大手電機関連社にAGV用の電池を売りました。そして、上述したように以前売った製品のトラブルに関して交渉と処理をしても、うまくいかずに240万円の賠償をしました。しかし、近畿のある会社の社長と一緒に3回中国に行って天然水の充填機と包装機など一式を購入してもらい、結構利益を得ましたので、トータルでは赤字にならなかったのです。

上海電池工場の見学
（李紅、畠山美保、私、伊藤真紀）

また、このときは北海道のあるお客様に販売した電池と充電器の代金をなかなか回収できなくて、何度も交渉したが、完全に騙されました。294万円の損が出ました。日本では初めて騙されて本当に怒って電話で「代金を支払わないと殺しますよ」ときびしく言いましたが、相手は怖くて警察に通報、警察は私に警告しました。結局しばらく調べているうちにその会社は倒産してしまいました。この会社は初めから詐欺をして、わざと倒産したと思います。日本では商売をして以来付き合っていた取引先がみんな真面目で信用していましたので、このような会社があったのを知ったとき、やはりショックでした。

すでにラインは他社に売却済とわかる

9月5日、やっと日本トリカ社からの連絡がありました。そこで、T社はアルカリ乾電池および空気亜鉛電池の設備ラインをすでにF社に販売したことと、電力会社等の反対で塩化チオニルリチウム電池を続けて製造することがわかりました。こうして、購入先と交渉先は静岡県湖西市にあるF株式会社になりました。そこで、10月6日に日本トリカ野呂社長と野村さんと私はF社へ訪問しました。先方の交渉担当は、当時の専務取締役で疋田勇様でした。大変明るくて親切な方で、まずアルカリ乾電池の製造工場を案内してくれました。その後、会議室でT社の設備に関する経緯を以下のように説明してくれました。

「弊社はアルカリ乾電池設備をすでにT社の群馬工場から移転したので、すでに稼働させています。ただし、社内で検討した結果は将来無水銀の空気亜鉛電池を開発できないから、その設備を転売すると決定しました。当初日本トリカ社で話したように群馬の工場でそのまま空気亜鉛電池を製造することはできないので、設備はすべて移転しなければなりません。ジンさんがそれを買おうとしたら、群馬から福井に運ぶ必要があります。設備の運ぶ費用を別にして、設備の残存価値は1億5000万円ですが、約半値の8000万円で売ります」

2月14日打ち合わせた内容とは大きく変わったので、私はガッカリしました。その場で「仲間とよく検討した上返事します」というのがやっとでした。

福井に戻って、いろいろなコストを合わせると1億2000万円ぐらい必要だろうと計算しました。空気亜鉛電池に関するビジネスの市場など情報を収集して、やはりチャンスが大きいと判断しました。そこで、買おうと決心しました。私は何とかして1000万円用意できるが、残っているお金はないので、知り合いに話したら「年収1億円以上の親戚がいて、大丈夫です。私は準備できます」と言われました。

製造ラインを福井に移転する方向で交渉

ただ、私は設備の値段が高いと思って、11月6日にもう一度F社へ行って疋田専務と交渉して、何とかして6000万円まで値引きしていただきました。11月20日、私は上海へ行ってSさんに嬉しい報告をし、仕事の役割分担についても打ち合わせました。私の役割は設備を福井に移転する工場を探して、空気亜鉛電池の営業と会社の管理ですが、知り合いは足りないお金を準備し、台湾から工場長を派遣して電池の製造を管理するということに決まりました。

私はまだ創業の段階で個人の貯金はほとんどないので、大変心配しました。そこで、私は日本に戻ってから、疋田専務とよく話しました。12月16日にもう一度F社に行って、群馬から福井までの設備移転費を負担してくれないかと相談し、設備代金の支払いの分割についても交渉しました。

疋田専務は「ジンさんは真面目で空気亜鉛電池の製造を本気でやろうとしているとわかったから、社内で検討してみます」と言いました。それから、12月19日に群馬の

T社電池工場へ行って、「秘密保持契約書」にサインした後、初めてガラス張りでその設備と製造の様子を見ました。見たとき、これからの商売に対して大変とは思わず、必ずうまくいくという自信を持ってかなりワクワクしました。

12月25日、F社は契約書（案）を提示してくれました。一番肝心な事項は私の願い通りにしてくれました。

（1）本契約の締結後10日以内に、1000万円
（2）本件設備の据付完了後10日以内に、2000万円
（3）平成21年4月から平成23年3月まで、各月末日までに
　　125万円

大変良かったと思います。疋田専務のご尽力に大変感謝します。

空気亜鉛電池の設備の一部

事態が急変

２００８年2月に日本トリカ社で打ち合わせたときは、群馬のT社の工場で従来の従業員のままで製造して投資するだけで、あまり心配はなかったですが、状況は急に変わりました。２００９年4月1日からT社は空気亜鉛電池の製造を停止して、全部の設備を福井に移転することと、T社の社員は支援できないので、2月から二ヶ月群馬県安中市にあるT社の空気亜鉛電池製造工場へネクセル社の社員を派遣して研修することとなりました。そこで、慌てて1月15日に台湾から来てもらった張肇昌工場長と一緒に群馬に行って現場を視察しました。

張さんはほとんど日本語を話せないから、通訳が欲しいと言われました。急いでハローワークで募集しました。まもなく1月28日、名古屋に住んでいる劉建武さんが応募してすぐ採用することと決まりました。

張肇昌工場長

次から次と懸案事項が

このように事態が急に変わったこともあって、私は様々なことに関して一生懸命に進めさせていましたが、やはり懸案事項が次から次へとたくさん出てきました。

●台湾からは2月3日に500万円振込んできていましたが、その後のお金が用意できないので、3月末にF社に支払う機械購入代金2000万円がどうしても必要です。どこから借金するかという問題は一番大きくて大変困っていました。

●クリーンルームは要らないが、電池の製造に不純物は厄介なので密封性が良くきれいな工場が必要です。もちろん新しい工場を作る時間もお金もないし、1月19日に見た物件は5000万円のリフォーム工事が必要だそうです。二ヶ月以内にちょうどいい工場を見つけられるかと聞くと、不動産会社はみんな無理と言いました。

●設備は全部で70台ほどありましたが、30年ほど前の古い機械なので、移転してからきちんと据え付けてうまく調節できるかどうか。良品が作れるかどうか。

●私は製造が好きではないし、空気亜鉛電池を製造した経験は全くない3、4人のスタッフで機械をうまく操作できるかどうか。トラブルが発生したらどう対応するか。
●たとえ何とかして電池を作っても、全く売れないかもしれません。
●将来、無水銀空気亜鉛電池を開発しなければなりません。その人材もノウハウも全くありません。

尽人事順天命

このプロジェクトには山ほど課題があり、うまくいくようには全然見えませんでした。どう考えてもほとんど失敗するように見えます。しかし、私は生まれつきの楽観的な性格と今までの強い運と7年間の商売経験があることを思って、慌てていませんでした。お金も人材も場所もないし、しかも時間の余裕もほとんどありません。全く焦っていないのはうそでしたが、一生懸命にやっていれば何とかできると自分に言い聞かせました。つまり、「人事を尽くして天命を待つ」(中国語：尽人事順天命、または　謀事在人成事在天)ことにしました。

まとめ

人生って事業って一気に伸びるチャンスは少ないです。もしあったら必ずつかんで一生懸命、前に進めることです。空気亜鉛電池の事業をやろうと思って、初めからお金も人も場所もノウハウもお客様も何もないが、本気でやりたくて、山ほどの課題はあっても本気でやりました。本当に大きな冒険でした。今だったら、いろいろな条件が満たされても絶対やらないです。これは何でしょう。不思議なことですね。

立ちはだかる様々な課題を解決

お金は銀行から調達

空気亜鉛電池の事業は、どう見てもうまくいくはずがないと言われましたが、結果は大丈夫でした。うまくいきました。努力はもちろんですが、やはり私の運気が強くて、いろいろなことがちょうど必要なときに揃っていきました。不思議に感じておりますが、やはり努力プラス能力プラス運命がすべて揃わないとダメです。

まず、お金の問題です。お金は銀行から何とか調達できました。

2008年9月、アメリカ投資銀行の倒産で世界中が経済危機となるリーマン・ショックが起き、数多くの中小企業が突然倒産してしまいました。今までよくお世話になった知り合いの会社の中には、資金がなくなって、その社長は10月突然会社を解散して夜逃げしてしまったところもありました。

当時、日本政府の政策で、金融機関は中小企業に対して積極的に融資を進めていました。そこで、2009年1月に今まで付き合っているH銀行に空気亜鉛電池の事業を説明して、審査された結果、1000万円の融資が実現しました。また、1月23日金曜日、S中金がアコス社を訪問してきて「融資は必要ないか」と相談しました。経理事務をしてくれている鈴木さんは「アコス社にお金は要らないが、会社の1階にあるネクセルジャパン社はお金が必要で、一度話してみてください」と言ってくれました。すぐ担当者を連れてきて私に紹介してくれました。

そこで、私はそれまで準備した空気亜鉛電池の資料に基づいて、一生懸命に空気亜鉛電池の事業の魅力を説明しました。「日本国内で弊社とP社だけ、世界でも6社しかありません」「補聴器を使っている年寄りの人数は年々増加して年間5～6％増です」「この事業は景気と経済危機のサイクルには関係はないです。値段はずっと同じで変わりません」等と話しました。

その後私は資料を準備して、すぐ融資を申請しました。結局2月27日に2000万円の融資が実現しました。T社で研修したとき558万円ほどの材料費やそちらに泊まる費用などもかかり、実は2月27日にすべて支払った後、会社の通帳には残高6万5595円しかなかったので、本当に困っていました。これは大変助かりました。

また、福井県に経営革新計画を提出し審査を受けました。その結果、信用保証協会の保証の下でH銀行は、4月6日に4000万円と7月6日に2000万円をそれぞれ融資してくれました。台湾からの要望に応じて借りた500万円も返金しました。

また、設備を移転して、コンプレッサーや除湿機を新しく購入したり、職場のエアパイプの設置と電極加工職場の工事をしたりして、様々な費用が発生し、合計8300万円かかりましたがこれも支払うことができました。

先払いで762万円振り込みます

その後、空気亜鉛電池はうまく作れましたがなかなか売れなくて、毎月の人件費や材料の仕入などお金が必要で資金繰りは大変厳しくなり、8月31日に口座には5万7752円しか残っていませんでした。

私は非常に楽観的な性格を持っていて、ほとんどストレスを感じない人間ですが、やはり知らないうちに精神的にまいっていたということがありました。一度だけですが、夜3時に突然目が覚めたとき、全身に汗をビッショリとかいていていたことがありました。

9月に入って、以前弊社の電池を大量に購入した東京の得意先の社長からの電話がありました。それまで会ったことはなかったのですが、すぐ会いたいと言われました。東京に行って話を聞くと「中国から電池を直接に仕入れたら電池の品質が悪かったし対応もめちゃくちゃで、大変困っています。やはりジンさんから電池を買いたいので、先払いで762万円振り込みます」と言われました。信じがたい話です。私は不思議な気持ちになりました。こんなにいいタイミングで運良くお金を先にもらえるのかと思いました。やはり商売を真面目にやっているから、以前の取引で信用されたお陰でした。またそのとき円高で仕入が安くて大変助かりました。

それでも赤字は続く

それからも赤字は続きました。日本の金融機関からの借入はできないので、仕方なく中国無錫《むしゃく》へ行って1200万円借りました。これを日本に持って帰った時、またドラマチックな事件が起こりましたが、詳細は後述します。

初めから台湾の会社と一緒にこの大きなプロジェクトをやろうという計画でしたが、結局一番肝心な資金は用意できませんでした。仕方なくこの事業は自分一人でやらざるを得なくなりました。でも、台湾の会社は工場長張肇昌さんを日本に派遣して、500万円も貸してくれて、ある程度事業を助けてくれて今も感謝しております。

私は粘り強い性格なので、うまくいかない場合も諦めずにやるしかないと思うことにしています。このときも、この手あの手で合計1億5000万円を借りて、何回もあった資金繰りのピンチも何とかして解決できました。4期目の2010年2月末決算は1700万円以上の赤字となりましたが、日本の補聴器出荷数一の某社に毎月20万粒の空気亜鉛電池を出荷しており、業績は徐々に良くなっているから、この事業の見通しは明るく見えました。

移転一ヶ月前にやっと移転先が見つかるがオーナーは変わり者

次は移転先の問題です。

これも移転する一ヶ月前にちょうどいい場所を見つけました。

２００９年2月4日から約二ヶ月の間、私と張さんと劉さん三人は群馬県安中市にあるT社電池の工場へ研修に行きました。借りたアパートに三人で泊まり、スーパーで食材を買って食事を作りました。4月1日にはすべての設備を福井に移転しなければならないのに、2月23日でもまだ福井で工場は見つかっていませんでした。T社の従業員も「ジンさん、大丈夫？　設備を福井のどこに運ぶの」と大変心配してくれました。私は「大丈夫、工場がなければどこかの倉庫に置けばいい」と平気で答えました。製造した経験はないから、そう答えましたが、今でしたら絶対心配で眠れないと思います。

2月23日、夕食のとき、群馬にいた私に福井市の不動産の社長からの電話がありました。「ジンさん、良い物件を見つけました。すぐ福井に帰って確認してください」と言われて、急いで私は高崎駅へ行きました。私はチケットを買わずにホームへ走りました。福井までのこの日最後の電車に乗った瞬間ドアが閉じました。

翌日鯖江市有定町にあるTY社の使っている2階建ての鉄骨造の工場を案内してくれました。中を見た瞬間、ここはちょうどいいと思いました。

その時、TY社は近所の工場を購入して、中のすべての設備を新しい場所に移していたところです。もともと電子加工工場でしたので、床もきれいで、ゴミも入らないように密封性が高く、空気亜鉛電池の設備を並べても仕事がしやすい工場です。総面積は1776・73平方メートルで、五つのエリアに分けて、空気亜鉛電池の製造部分の1400平方メートルを使用したら、残りは食堂・オフィス・他の製品の倉庫等に使っても、まだ余裕があります。工場のすぐ横に駐車場が20台分あります。本当に理想的で、通常求めても求められないところです。ただし、オーナーはかなり変わった人で、周りの人たちとよく喧嘩してなかなか付き合いにくいそうです。

ピンチの後に運気が上がり好循環に

工場を見ているとき、その社長といろいろ話し合っていたら、突然私に「福井大学には俺と同じ大学卒の親友がいるが知っているか」と聞いてきました。私が「その先生は私と同じ研究室でした」と答えると、彼はすぐその先生に電話しました。すると「ジンさんは真面目で大変いい人でぜひ貸してあげて」とその先生の言葉が返ってきました。

こうして、数分で簡単に移転場所が決まってしまいました。まるで夢みたいでした。翌日2月25日、福井市の2社および鯖江市の1社、合わせて3社の仲介で契約して、敷金と3月分の賃料を支払いました。この工場と契約できなければ、70台の設備を福井のどこに置くか決められず、どれほどお金を無駄にすることになったか。その時点ではネクセル社は間違いなく倒産してしまいます。後になっても不思議な気持ちでした。まさに運気が良くて、大変ありがたく思いました。

ただし、6年後ここを出るときには、そのオーナーとなかなかうまく交渉できなくて非常に辛い目に遭いましたが、また運が良くて結果的にうまく乗り越えました。ピンチの後運気が上がって、好循環となり前進していきますが、逆でしたら悪循環となり、絶対ダメでした。人生は本当に大変ですが、能力でもいいし天運でもいいから、普段蓄積した人脈や品格などがあることが、いざというとき、好循環の勢いを作るのだと思います。

鯖江市有定町の工場

製造経験のある社員を正式に採用

それからは設備の移転・調節・製造の問題をクリアすることが課題になりました。T社移転は無事に決まりましたが、電池を製造する人がいないと何もできません。T社で研修する前、F社に依頼して、空気亜鉛電池の設備設計者である関口鴻二さんに福井に来ていただき、ネクセル社で1年間製造の現場でいろいろ指導してもらう契約をしました。ただし、現場の操作をすべてビデオ撮影しましたが、やはり二ヶ月足らずの研修だけで、新しい工場で良品が製造できるかどうか。どう考えても70台の機械をうまく操作するのは無理でした。そこで、そのときT社に勤めていた人が鯖江に来てもらえるように関口さんに依頼しました。関口さんは全員に聞いて「派遣社員の中の中嶋一さんと田澤純一さんが福井に行ってネクセル社で仕事してもいいと言っている」と話してくれました。

私はすぐに面接しました。二人はまだ若いですが、T社ですでに数年間製造の経験があり、機械の操作も好きなようです。面接したときの印象も良くて、二人がいるとすべての機械を操作できることになり、もう心配はなくなり、正社員として採用することを決定しました。

鯖江に移転した後、中嶋さんは工場長として資材の仕入や出荷検査を含めて全体管理をし、田澤さんは現場で電池を製造しながら新入社員に機械のオペレーターの教育を担当しました。3年後、田澤さんは工場長として空気亜鉛電池の製造等を管理してくれて、いろいろ大変でしたが、よく頑張ってくれました。

張さんは工場で三ヶ月ぐらい働きましたが、台湾メーカーに呼ばれて8月13日、台湾に戻りました。関口さんも２００９年12月末に鯖江を離れて群馬に戻りました。その頃ネクセル社のスタッフはすでに成長して一人前に仕事をこなして製造事業はうまく続いていました。

関口さんが離れる前会社の全員

また、空気亜鉛電池の製造設備は、四品種の電池を作るにはすべてT社の社内の設計で、ブロックで工程管理をしています。群馬の工場で丁寧に分解してマークを付けて、福井で据え付けて調節してうまく稼働するように復旧しなければなりません。私はその専門会社を全く知りませんでしたが、幸い社員の伊藤真紀さんの旦那さんは精密機械を移転した経験があるから、勤め先を経由してすべてやってくれると約束しました。

ただし、機械の分解と調節をする専門会社のエンジニアは、2月28日に群馬に行って機械を見てから、あまり複雑で５００~６００万円かかると言いました。私は高すぎると思いました。台湾の電池会社と話して中国から技術者を派遣してもらって分解しようと計画も立てましたが、やはりビザの問題等で来られませんでした。しかしながら、そのエンジニアは慎重し過ぎだったのか、最終的に３００万円ぐらいで完成しました。

ついに機械を群馬から搬入

２００９年３月30日から４月１日までの３日間、Ｆ社の手配したエアサスペンション式10トン専用トラックで21車両分の機械を群馬から新しい工場に運んできました。その時オーナーは親切で警察に道路使用許可書を申請してくれました。周りの方々に挨拶したとき、みんな驚いて「オーナーと付き合って大丈夫ですか」と心配顔でした。

専門会社は設備を降ろし工場の中へ慎重に搬入して、以前計画した場所に分けた機械を組み合わせて、ＰＬＣプログラムをゆっくり調節しました。エアパイプや電気工事等を行って、機械の精度と電池の品質管理のために一年中24時間ずっとエアコンと除湿器を稼働して、職場の温度と湿度を維持するようにしています。

また、関東の周波数が50ヘルツであるのに対して鯖江は60ヘルツですから、部品を送るパーツフィーダーがうまく作動しなくて、新しい部品を買わなければなりませんでした。同じ国なのにこのような違いからトラブルが発生するとは思わなかったです。

また新しく購入したコンプレッサーも狭い場所に据え付けるしかなく、事務所に近くて騒音が酷いので有能な事務員である畠山美保さんは4月9日に辞めました。実はその半年前から工場の騒音が嫌で移転したらやめると言っていました。通常無口な畠山さんはその時「社長はすごい度胸を持っています」と感心した言葉を残しました。

そこですぐハローワークに連絡して事務員を募集しました。その時リーマン・ショックで失業者が多くて一人の事務員の募集に16人応募がありました。面接したときの印象と感覚で長谷川美枝子さんを採用しました。長谷川さんは入社してからよく仕事ができて、ミスはほとんどないので、仕事を任せて大変安心です。

優秀な事務員を採用

一例をあげます。2013年10月、中国出張中の私にお客様からメールがありました。そのお客様が返品された単1塩化チオニルリチウム電池（ER34615M）に変形があるかどうかを確認するため、電池の直径を測るように長谷川さんにメールしました。正常な範囲は33・7～34・2ミリで、長谷川さんからは測った結果が表のように送られてきました。普通の人なら、たぶん正常な範囲だと言うでしょう。長谷川さんは電池の真ん中だけではなく上下も測って全部記入してメールしてくれました。このようなやり方で期待以上に応えてくれ、私はとても感心しました。

日本に戻って長谷川さんの仕事の良さを称えました。長谷川さんは「私が測っても不安なので伊藤さんにも測ってもらいました」と言いました。

ER34615M電池		
＋側	真中	－側
32.7	32.7	32.8
32.8	32.8	32.8
32.7	32.7	32.8
32.8	32.7	32.8
32.7	32.8	32.8
32.7	32.7	32.8
32.8	32.8	32.8
32.7	32.7	32.8
32.8	32.8	32.8
32.8	32.8	32.9
32.8	32.7	32.7

長谷川さんからの測定結果

私はその真面目さに感心しました。それから、中国の仕入先を訪問するとき、この事を例としてよく紹介・説明して、「製品の製造工程でも包装でも、このようにやったら必ず誰でも安心して購入して使用できます」と言いました。

補聴器メーカー10社を連続訪問

約一ヶ月かけてすべての設備をうまく調節し正常に稼働させることができました。5月20日から試作品の製作が始まりました。エージング工程をした電池の電気性能をチェックして、6月17日から日本国内のお客様にサンプルを出荷しましたが、8月13日までは一粒も売れませんでした。空気亜鉛電池の売上は全くありませんが、人件費と電気代は毎日必要で、通帳の資金はどんどんなくなり、他の商売ではカバーできなくて、２０１０年3月までは本当に辛い日々でした。

最後の課題は、お客様が空気亜鉛電池を購入してくれて赤字にならないようにすることです。

空気亜鉛電池は補聴器のみに使用される商品で、ある意味で大変営業しやすいものです。世界で有名な補聴器メーカーであるO社・G社・Y社および日本のメーカーを含めて10社を、3月4日から10日間かけて全部訪問しました。当時T社が空気電池をやめてから、すべてドイツV社製の空気亜鉛電池に切り替えましたので、ネクセル社の作った電池を購入するという明確な回答を全くもらえませんでした。しかも、日本の製造業では製品の品質を管理するために、下記のように「4M変更」という規定があるので、従来の機械のままで電池を製造しても、作業員は変わりましたので、品質を心配してなかなか買ってもらえなかったのです。必ず技術者や市場でいろいろなテストをパスしてから買うこととなります。

1. Man（人）　現場で製品の生産に関わる作業員
2. Machine（機械）　製品の生産に関わる機械などの設備
3. Method（方法）　製品を生産するために採用されている方法
4. Material（材料）　製品に使用される材料・加工品

1年間待ってようやくOEM出荷開始

仕方なくお客様にサンプルを提示してから、電話やメールで確認したり、直接に訪問したりしました。特に東京N社の会長に会ったとき、感触が良かったので、5月も6月も連続訪問しました。8月13日にやっと12万6000個の空気電池の注文書をもらって大変嬉しかったです。また何回も一番注文してほしい日本で一番大きな補聴器メーカーを訪問しました。得意先の社長は「その会社と仲が良いから心配しないでください」と言いましたが、一粒の注文もなく、もっと営業してほしいと思いました。

海外の補聴器のメーカーにも期待しましたが、本社の同意が必要で、なかなか注文を期待できませんでした。9月に入ってから東京や名古屋の補聴器メーカーからはそれぞれ数千粒や数万粒の注文が来て徐々に増えました。11月26日には、得意先の日本トリカの野呂社長が日本で補聴器の出荷数が一番である補聴器メーカーの技術課と購買課五名と一緒に来社して、工場を視察されました。もともとT社の時代では月に30万粒の出荷実績がありましたので、大変期待しておりました。翌年の2010年2

月でやっとOEM（他社ブランドの製品を製造すること）することが決まりました。首を長くして待っていた1年間でした。

経理事務員を採用が縁に

実は、私は2006年に会社を設立してから、ずっと経理事務をアコス社の鈴木敏弘さんにお願いしていました。2009年4月以降、空気亜鉛電池の製造を始めてから、鯖江が遠いし、煩雑となり自社でやろうと思いました。7月、新しい経理事務員を募集しました。五人面接したうち一番良かったのは工場の近くに住んでいる小林さんでした。小林さんは経理や総務を20年以上した経験もあり、なんと一ヶ月前アコス社に面接に行き鈴木さんと会ったそうです。その後アコス社が遠いからという理由で断り、ネクセル社へ面接に来ました。何か縁があると思って躊躇なくすぐ採用しました。

小林さんはかなり有能で、入社してから総務や人事なども任せました。旦那さんは鯖江の大手眼鏡メーカーの国内総括者で、この縁で２００９年11月26日、その大手メーカーと契約して日本国内の眼鏡屋さんに空気亜鉛電池が販売できました。また、有定町から現在の上河端町に移したとき大変助かりました。この事もドラマチックでしたので、後述にします。

まとめ

人生って能力や努力はもちろん一番大事ですが、やはり運が強いか弱いかは、大切なことをやるとき、ある意味では決定的な分水嶺となります。今まで読んだ歴史の中の戦争や、又はオリンピック大会のスポーツや登山等も同じです。運が強いと本当にピンチのときでも前途が開けられてうまくいきますが、逆だったら惨敗となります。私は空気亜鉛電池事業を始めたとき、やはり運が強くて、それ以降ビジネスは何とかうまくいきました。

中国での会社設立と経営の苦労

「百名博士江蘇行」で盧九評さんと知り合う

２００７年８月、「百名博士江蘇行」のイベントで日本から約百人の中国人留学生が南京に集まり会議をしました。私はたまたま同じ机に座っていた盧九評さんと知り合いました。人柄の良い盧さんは日本で数年間仕事した後、中国に戻って無錫でソフト関係の会社を設立して社員１０００名までに発展して、日本大手のソフトウェアを請け負って、大変成功されている社長です。しかも、無錫帰国人員創業商会の会長でもあり、人脈が広いのです。

16歳で大学に進学した盧九評さんは、記憶力が抜群で、毎日早く起きて様々な分野の本や雑誌で勉強します。向上心が強くて、知識が大変豊富です。私と似ている部分が多くて、知り合ってから頻繁にメールで意見を交換したりして、よく交流しました。

盧九評さん

私は空気亜鉛電池の設備を購入したときも移転した後も、メールで盧さんに「投資家を探してほしい」と依頼しました。盧さんも熱心に宣伝してくれましたが、なかなか投資したい人や企業を見つけられませんでした。盧さんは２００９年10月９日に鯖江に来られて工場を視察したとき、無錫政府の留学生に対する起業支援である〝５３０計画〟を詳しく説明してくれました。そこで、私はいろいろな資料を準備して申請した後、11月４日、無錫でプレゼンして答弁して、合格となりました。こうして、盧さんのお陰で無錫市政府から60万元の無償支援金と濱湖《ひんこ》区政府の株投資１５０万元を得ました。

呉燕燕さんと新しい会社を設立創業

２００９年12月７日、盧九評さんは部下の呉燕燕さんを連れてまた来社しました。

呉さんはすごく興味を持って私の工場を見学しました。呉さんは数年間スイスの世界一流ホテル学校に留学して、アメリカやカナダで仕事をして、故郷の無錫に帰りました。そのとき中国全国の創業ムードが目を引いて、商売に興味を持ちました。工学部の知識はなくても勇気を持ってＬＥＤ看板やデザインなどの商売を始めました。何か製造の仕事をしたくてもなかなか機会はなかったが、ネクセル社の見学をして「ジンさんと一緒にビジネスをやりたい」と言いました。

私は呉さんと話し合って、彼女の商売に対する考え方が正しく、性格の真面目さと仕事の熱心さと仕事の行動力および高い管理能力を持っていることがわかり、すごく信頼できる人だと思いました。

呉さんは無錫に帰って、盧さんと話し合って、２０１０年3月、円満に離職しました。４月無錫市濱湖区で一緒に新しい会社を設立、呉さんを社長としてスタートしました。７月1日から新築の空っぽ部屋のリフォームを始め、会社の登記や事務用品の購入や社員の募集など様々なことを完璧にこなすことができました。私はほとんど無錫にいなかったので、会社のことは呉さんに任せました。

日本製の空気電池を中国で販売

　そこまでの間に、電池の知識を全く知らなかった呉さんは一生懸命に勉強して、鯖江工場で作った空気亜鉛電池を中国に輸入して、パッケージした後中国全国に販売してくれました。それまで日本製の空気電池はなかったので、4月下旬お客様に買いたいと言われました。輸出入したら時間がかかるので、ゴールデンウィークの期間でしたが呉さんは飛行機で日本に来て、数万個の電池をカバンに入れて背負って中国に持って帰りました。しかし、上海浦東国際空港で税関の検査で止められて申告等で大変でした。また、２０１２年11月、北京国際福祉展覧会に電池を出展したり、中国の補聴器メーカーや販売店舗に数多く連絡したりしました。そのとき展覧会を見学した補聴器メーカーの方々は、無錫の会社に来社して相談しました。

　また、呉さんは地元の無錫市に何か貢献したいと考えて調べてみると、無錫福祉学校があることがわかりました。その学校に電話して、校長先生に会いました。そこで補聴器を使用している生徒さんに空気電池を寄付することを提案しました。また寄付する前、電池を補聴器に入れて使用されたときの感じや電池の効果などを確認しました。電池の寄付はその福祉学校にとっては初めてで、学校の先生も生徒さんおよびご両親も大変喜んで、無錫新聞に取材されて、このことは新聞に記事として載りました。

また、電池を販売した後、不良やクレームがあったとき、原因がわからずにお客様への説明に大変苦労しました。拡販によりお客様は少しずつ増えて徐々に安定した売上になりましたが、なかなか利益は出ませんでした。そこで、日本の省エネルギー技術や環境にやさしい製品を中国の企業に宣伝したり、中国の政府への助成金を申請したり、常州丹陽でのＬＥＤ照明の製造業に熱心に参加して会社の整理整頓を行いました。

補聴器メーカーの方々は
無錫の会社に来ていました

聾学校に電池を寄付した後無錫の社員たちの写真

税関で1140万円全部没収されそうになる

呉さんはチャレンジ精神が強くて、努力家で常に情熱を持って仕事に向かいました。様々な経験を積んで、もっと大きなビジネスをやろうとした2014年夏、不運なことに突然珍しい病気で倒れてしまいました。呉さんは仕事の優先順位をはっきりさせているから、常に効率的に働いて、お客様とうまくコミュニケーションすることができます。頼まれたことを100%完成した上、自分でも常に工夫して周到に考えながら期待以上に実行できますが、病気には負けて大変残念でした。

2014年に呉さんは病気を治すためカナダに移住して、長い間我慢してかなり回復しています。またいつか一緒に仕事をしたいと思います。

ネクセル社の資金繰りが一番大変なとき、呉さんは何かと支援してくれました。この際、前述したドラマチックな事件が起こりました。日本ではどこからもお金を借入できなくて、2010年12月に中国無錫の会社から1200万円借りたときのことです。これを日本に持って帰ったとき、上海の税関の検査員に見つけられました。私は日本で経営している会社の資金繰りの問題とお金を持っていく理由を説明して、税関の人も同情してくれましたが、管理規定によって５０００ドルの相当金である60万円を私に渡して、とりあえず残っていた１１４０万円全部没収しました。

私はその日のチケットを廃棄して、飛行機には乗らず空港を出ました。数日前知り合ったばかりの方に電話しました。というのは、その数日前知り合ったばかりの人が食事中「親友が上海の税関にいる」と無意識に言われて、その話を私が覚えていたからです。

会社の横の堤防にいた
王建国社長と息子さんと呉さん

まさに「話した者は無意識で、聞いた者は気に入る」という中国の諺のようです。彼はすぐ知り合いに電話して、私の事情を説明してくれました。その方も理解していて、呉さんは上海の税関に行って正直に説明しました。一ヶ月後、税関の管理規定にしたがって10％の１２０万円罰金を支払って他のお金を返されました。もし李さんを知らないと、90％没収されたかもしれません。これもまさに幸運だと思います。たまたま李さんと知り合ったことによって大変助けてくれましたが、偶然な運気もすごいことです。

新幹線で落としたスマホが見つかる

呉さんを巡っては、また一つのエピソードがありました。２０１５年7月26〜30日、呉さんは上海の有力な投資家である王建国社長一行を連れて、福井の不燃木材技術と東京の木材発電の企業を視察しました。28日夕方、東京都八王子で視察を終えて王社長たちは名古屋へ行って翌日飛行機で中国に帰る予定でした。新横浜駅から新幹線に乗って名古屋に着いてから、王社長は自分のスマホを無くしたことに気が付きました。呉さんは私に電話して見つかるかどうかを確認しました。私が詳しく聞いたら、王社長は「八王子から新横浜駅へ行く電車の座席に忘れただろうと思います」「それは私の最新のスマホなので、もう誰かに拾われて戻らないだろう」と言いました。私は「日本では電車で無くした物は、例えば現金でも失った人の手元に戻ったことがあるから、大丈夫です」と答えましたが、実際は半信半疑でした。とりあえず私はすぐ電車の忘れ物センターの電話番号を調べて電話しました。そうしたら、やはり新横浜駅に預けられていることがわかりました。夜8時頃、私はそこへスマホを取りに行ってすぐ名古屋の王社長が滞在するホテルに朝着の宅急便で送りました。王社長は「中国では無くしたら間違いなく100%戻らないのに、日本は安全安心ですね。電車で無くして戻ったことをなかなか信じられませんでした」と言いました。

まとめ

無錫政府の支援でネクセル社が助かりました。その間に知り合った友人のお陰でピンチを抜けました。人間はやはり一人ではうまくいかないとき、良い友人がいると乗り越えて自分の人生や会社の履歴の一部分となります。会社を成功させるには、自分の能力だけではなく、自分の相性などに合う良いパートナーが必ず必要です。

第5章

新生ネクセルが未来を開く

無水銀電池の開発に四苦八苦

無水銀空気亜鉛電池の開発が急務に

空気亜鉛電池には、液漏れを防ぐため負極の亜鉛粉末には約１％の水銀が使われています。ところが環境保護のために国際水銀条約の規定では２０２０年以降すべての製品から水銀を無くさなければならないということです。ですから、早く無水銀空気亜鉛電池の開発を行わなければなりませんでした。

この課題は大変難しそうで、これが理由でT社もF社も空気亜鉛電池の製造をやめたということでした。私は、ドイツのV社がすでに無水銀空気亜鉛電池が開発できそうと聞いて、まだ10年間あるから、何とかしてできるだろうと思いました。

当初知り合いと一緒に空気亜鉛電池の事業をやったときは、無水銀電池を開発することができると言われました。２００９年4月から彼はこの事業から撤退したので、私は他の専門家に依頼せざるを得ませんでした。まず2010年4月から知り合いの福井大学工学部工学科化学専門の教授と打ち合わせて、研究されている高分子の技術を生かしてできそうだと言われました。会社の資金繰りは大変でしたが、将来の事業のために100万円の研究費を提供して1年間やってもらいましたが、全然ダメでした。

2009年に空気亜鉛電池の製造を開始してから、日本電池工業会の会員となりました。2011年9月の札幌の総会で、T社の藤原雅司社長と知り合いました。藤原社長はタイや中国で長く仕事をされたから、海外での商売に長けているし、海外との交流も得意です。弊社の空気亜鉛電池を欧米や東南アジアで販売したいということですが、条件は無水銀電池の開発を進めることです。藤原社長は群馬にあるT社の工場に研究用の小型空気亜鉛電池設備があり、それを買って研究してくださいと言われました。

留学生交流会で知り合った彭立さんに相談

私は2012年1月、呉さんと一緒に群馬に行ってその設備を確認して、購入することを決めましたが、呉さんは電池と化学の知識も機械操作の経験もないし、会社には研究できるスタッフもいないのです。そこで、2010年11月、杭州での留学生交流会で知り合った彭立さんに相談しました。実は、彭さんと一回だけ会いましたが、礼儀正しくて能力を持っていそうな印象が残っています。彭さんは「一緒にやりましょう」と言ってくれました。杭州で打ち合わせて私たちはその機械に投資し、彭さんは出資して製品の開発・研究および小ロットの生産と管理を行い、2012年4月会社を設立して契約しました。それから日本で輸出できるように商務部の検査をしてから梱包して、中国へ輸出しました。

設備を中国に輸入する手続きはあまりに複雑で本当に大変でした。非常に苦労しましたが、何とかして杭州の工場に到着しました。ここからは彭さんのすごい能力があることに大変驚きました。最初はT社の機械が使っているPLCプログラムの問題でうまく動かなかったのですが、彭さんは独学で解明して、うまく稼働させました。それから、手動でやると手間がかかるので、その省力化を図って様々な部品を作らせて新しい組立機械を完成させました。実は彭さんはもともと大きな化学関係会社の社長でした。機械の操作がうまく、手が器用で物作りも大変得意だとわかりました。

心が非常に優しい彭さん

２０１２年９月、彭さんと呉さんは福井に来て、５日間鯖江の空気亜鉛電池の工場の加工工程を視察し、図面を見たり、製造工程を見学したりしました。彭さんは現場でいくつかのわからないことを田澤さんに聞きました。日本語は全くできないが、機械の音および稼働状況を見るだけでかなり理解することができました。やはり彭さんは現場の経験が豊富で、機械を見て質問するだけで理解できます。田澤さんはその能力の高さがわかって「彭さんの現場力がすごい。機械に詳しそうで、何でもできる人だ」と言いました。その後田澤さんを連れて彭さんの杭州の工場を見学させると、彭

彭立を空港へ送った途中の敦賀湾の海辺

さんのいろいろな自作品を見て、大変感心しました。

一週間来福した間、彭さんと今までの経験などを話し会いました。彭さんは若いとき軍人として私の出身地である西北にいて、大変苦労されましたが、前向きでいろいろなことを習ったということです。また、杭州で会社を経営したとき、人の管理やいろいろなトラブルに対応した大変さなどを教えてくれて、大変勉強になりました。

心が非常に優しくて、空気亜鉛電池を使って耳が聞こえづらい障害者のために貢献したいということがわかり、私も感動して大変嬉しく思いました。

見通せない無水銀空気亜鉛電池の実現

無水銀空気亜鉛電池を作るにはやはり化学のノウハウが必要で、無錫の会社は約230万円の開発費を提供して中国の華中師範大学の化学専門　曹郁博士に依頼して、

2年間かけて様々な配合を試みましたが、やはり成功しませんでした。

それでも、彭さんは空気亜鉛電池の製造をやめずコツコツと約8年間続けてやりました。その間彭さんは熱心に研究して、自分の体験でその機械のやり方を改良したことがあり、またアルカリボタン電池の組立自動化を習って新しい空気電池の自動組立機小型ラインを設計して製造しました。その熱心さと能力と意欲および器用さに敬服しました。

彭さんはいつも謙虚な気持ちを持って機械の稼働をよく研究しています。仕事に対する真面目さがあり、毎月経理や事務も収支を計算して連絡してくれますし、毎年、その年の経営報告書を作って会社の経営状況を教えてくださいました。約8年間やりましたが給料を一切もらわなかったし、逆にご自分のお金をかなり使いました。大変尊敬する先輩です。今でもご意見を聞いたり、よく交流したりしている親友です。

中国で無水銀空気亜鉛電池を研究・開発すると同時に、福井の工場でも開発専門者を募集して、2013年4月1日、福井大学大学院卒の工学博士を採用しました。アルカリ乾電池や酸化銀電池の無水銀化の論文や特許を調べてT社の技術者の協力を得ながら、約5000万円かけましたが、やはり成功できませんでした。

また、2016年8月以降、中国の鵬輝電池有限公司は有名な電池会社に勤めた酸化銀電池の無水銀化を成功させた方のアドバイスを受けて、約2000万円投資して購入した設備を使って大体無水銀化を成功させましたが、容量が低くてなかなか海外製品の同等レベルまでにはいきませんでした。

一言で言うと、無水銀空気亜鉛電池の開発はやはり難しいです。大金を投資して金型等を改善して成功することができると思いますが、ネクセル社としてはそのお金はなくやはり大変な事業でした。

まとめ

当初空気亜鉛電池の事業を始めたとき、わずか1%ぐらいの水銀を無水銀化することは簡単にできるだろうと思いましたが、実際にやってみると、こんなに難しいとは思いませんでした。電池の製造事業は原料・部品・配合・設備など様々な分野に関わっているから、どれかにほんの少しでも問題があると、うまくいきません。

無水銀化はできませんでしたが、出会った友人が大きな収穫と言えます。世の中では誰でも友達が必要で、ビジネスで人々と付き合って交友範囲を広げて、その中で親友ができたことは幸せです。

ドイツの出張と工場の移転および中国からの投資

大手P社も空気亜鉛電池の製造から撤退

2013年T社に続きP社も空気亜鉛電池の製造をやめて、製造ラインを全部廃棄したそうです。製造はしませんが、ドイツのV社からOEMで電池の供給を受け販売を続けています。製造しない理由は、空気亜鉛電池の無水銀化が難しいということでした。日本国内では弊社しか空気亜鉛電池を製造していませんが、やはり無水銀ができないと、この事業は２０２０年以降続けられません。しかし、4年間かなりお金を使いましたし、いろいろな方法を試しましたが、まだ開発できませんでした。このまま、お金だけ使ってうまくいかないと、会社の行方を左右されます。よく考えた上、選択肢が二つあると思いました。

一つは無水銀空気亜鉛電池の開発・製造をやめて、Ｔ社やＰ社と同様に空気亜鉛電池を海外の会社からＯＥＭで仕入れて販売することです。もう一つは金銭力も技術力も持つ会社と提携して、研究を続けて無水銀電池を開発することです。

ＯＥＭでドイツのメーカーと交渉

まずＯＥＭのことを考えました。そこで、以前知り合ったＶ社日本支社の海老原武彰社長に話しました。海老原社長は喜んで、前向きでした。２０１３年11月14日、ドイツ本社のGMトーステン・シュメーラーとアジアパシフィックDirector メルビン李を連れて弊社に来ました。GMトーステンさんの説明によると、自社の無水銀空気電池は従来の有水銀より性能が良いことと、世界最新鋭の製造設備と開発力が強力であることと、空気亜鉛電池の世界シェアが一番であることなどを、うまくアピールしてくださいました。

この方は、世界中を飛び回っていろいろなお客様に会って話し合っておられ、性格も明るくて話しやすいタイプです。

翌2014年2月、海老原社長は「ぜひドイツ本社を見学してほしい」と私を誘いました。3月にビザ申請やホテル・チケット予約などを済ませて、海老原社長とシンガポール支社の李さんとともに7月16日から23日まで一週間の予定でドイツを訪問しました。V社の空気亜鉛電池の工場はドイツ南部の小さい町 Ellwangen にあり、2日間工場を見学しました。V社の空気亜鉛電池の製造現場には入れませんでしたが、ガラス張りで中の様子を見ました。いろいろなことを聞いてから敷地を歩いて、「パッキンや缶などすべての部品は自社製である」と説明してくれました。最後にロボットを使って全自動で検査・梱包する現場を見学しました。

世界中に一日100万粒以上作って発送している工場でした。設備の設計製造や化学関係の技術者も20人ほどいるそうです。ここはたぶん100億円単位で投資された工場で、私たちはその競争力には太刀打ちはできないと思いました。

新鮮だったドイツ訪問

実は、日本や韓国以外の国には行ったことのない私は、初めてヨーロッパのドイツに来て、すべてのことが新鮮でした。中部国際空港から約15時間かかってフランクフルト空港に着いたら現地時間は午後3時で、日本では夜の22時でした。何度もドイツに来ていた海老原社長はなかなか眠れなかったようでしたが、私は現地の人とほぼ同じで、すぐ慣れて5時間ほども寝ました。このとき私は自分自身も適応性が良いのにびっくりしました。故郷を出て大学に入ってから、就職で新疆へ、修士取得でハルビンへ、そして日本に来たりしても、どこに行っても違和感なくすぐ慣れていました。

実はロシアでもアフリカでもどこに行っても怖くないし、何とか生きるといつも言っています。やはり生まれつきの潜在能力だろうと思っています。

また、スピード無制限のアウトバーンでは、V社のGMトーステンさんが夕方ホテルに送ってくれたとき、数分にわたって約265キロの猛スピードで走りました。隣で150キロで走っていたトラックをヒューヒューと簡単に抜いていき、大変興奮しましたが、遠く前を走っていた車にすぐ近づいたり車が揺れたりして、掌には汗が少し出ました。海老原社長も「こんなスピードでドイツのアウトバーンを走ったのは初めてでした」と言い、そのとき高速道路には車がかなり多くて「あまり速いからやはり怖い」と言いました。

ドイツのV社工場にいた海老原社長

一人でベルリン滞在

翌日V社で商談を終えて、海老原社長が会社の近くの小さい駅に送ってくれ、私は一人で北部のドイツの首都であるベルリン市に電車で行きました。「ドイツの電車は早く発車したり、かなり遅れたりすることがあり、ホームには明確な説明看板はない」と海老原社長は言いました。途中の乗り換えは何とかすると私は返事しました。私はドイツ語はもちろん全く知らないし、英語の会話はほぼできません。知っている英語はほぼ30ぐらいですが、何とかしてと思いました。実は、途中乗り換えた電車は20分遅れてホームに入ってきたので、本当にその電車でベルリンに行けるかはわからなくて、その電車に何回も乗ったり降りたりして、発車してからも心配でした。隣の人に単純に「this is ベルリン？」と聞いたら「yes,yes」と言われて少し安心しました。

ベルリン市

夜11時頃ベルリンに着きましたが、地図を見るとインターネットで予約したホテルに近い駅で降りたことがわかりました。

駅から歩いて10分ぐらいの距離だと思いましたが、なかなかわからなくて、タクシーを呼んだら3分もかからず着きました。小さいホテルで受付もわからなくて、言葉も通じなくて、身ぶり手ぶりで何とかチェックインできました。

海老原社長は心配してくれましたが、電話で聞いて「ジンさんすごい！」の一言でした。ドイツの地下鉄や電車はすべてフリーで自由に出入してチケットを良心的に買うみたいですが、私は真面目に3日分の観光チケットを買ってベルリンの有名な観光地や市民の住んでいるマンション路地に行って見ました。英語はほとんどわからなくても、スマホを使って現地の人や旅行の人と何とかして交流しました。

鵬輝電池有限公司との提携を決断

２０１４年10月９日、弊社の仕入先である中国広州鵬輝電池有限公司の夏社長を招待して鯖江の工場を視察してもらい、大野の北伸電機様と群馬の得意先およびT社へ案内しました。夏社長は技術者の出身で、２００１年に創業して社員数十人からスタートしましたが、市場に合う製品を作って急速に発展して、すでに３０００人ほどの社員がいました。ニッケル水素電池やリチウム乾電池やリチウムイオン電池やリン酸鉄リチウムイオン電池など、中国では一番多い品種の電池を製造しています。

弊社は２０１２年以降、鵬輝社からリチウム乾電池等を大量に仕入れて販売しました。ですから、来社のときもその後一緒に東京を案内したときも、私は空気亜鉛電池の無水銀化の困難さを説明しました。夏社長は「２０１５年春に鵬輝社が中国の証券取引所から上場したら投資したい」と話してくれました。こうして、私はしばらくドイツから空気亜鉛電池の輸入をやめて、鵬輝社と提携してみようと考えました。

突然工場の返還要求を受ける

２００９年2月から不動産の契約としては工場を5年間借りるということで、その後継続的に借りていました。２０１５年4月になってその人は突然その工場を壊して老人ホームにしたいと言いました。しかも「7月にはそこから出なさい」と言うのです。私は全く納得できなかったので何度も会って相談しました。「あまり突然でこちらは全く準備していないから、1年後に延期してほしい」とお願いしても「ダメだ。出なさい」と厳しく言われました。ここに入ったときの優しさは全くなくなり、人格は変わったと思いました。オーナーの親友で福井大学の先生にお願いしてもダメでした。全くのお手上げでした。

やはり当時ここを借りて入ったとき、周りの人々が心配した通りでした。オーナーは大変付き合いにくい人で、いざというときやはりその本性が出て、すごく大変なことになりました。

それにしても、お客様の電池の供給問題や移転の場所や資金など、山ほど問題があるから、どうしてもすぐ移転はできないのです。オーナーの経営していた駅前のスナックに何回も何回も言って、お土産を持ってニコニコして粘り強く交渉しました。一番電池を多く購入してくれる購買課の担当者を連れて、また東京の得意先の副社長も鯖江に来て、直接ビルのオーナーに会って交渉しましたが、全然ダメでした。隣の喫茶店で打ち合わせたとき二人は「このような日本人を見たこともいないし、日本人としては恥ずかしい」と言いました。

引き続き、最低10月に延期してほしいとそのオーナーにお願いしました。彼はしばらく考えてうんともダメともだと言わなかったのです。そこで5月も製造を続けました。その間、鵬輝社の夏社長に弊社への投資を相談してほぼ話を決め、夏社長は「すぐ工場を探して、6月中旬広州に来て契約しよう」と言われました。

私と北伸電機の細川相談役と
鵬輝社の夏信徳董事長

6月12日に有定町の工場を借りたときお世話になった不動産屋さんの社長に依頼しました。早速鯖江市杉本町にある空いた電子関係の工場を案内してくれましたが、面積は約600平方メートルで全然足りません。「ご必要な1500平方メートルの工場を簡単に見つけることはできない」と言われました。

不思議な縁で移転先が見つかる

ここで不思議なことが起きました。実は、経理の小林さんが以前勤めたM社の3階建てのビルが数年間も空いていたことを聞いたことがあり、私が急にそれを思い出したのです。この日の午後5時頃、小林さんはまず以前の上司の方の携帯に連絡して現状を確認しました。空いていると言うので、すぐM社日本支社の社長　山崎真也さんの携帯に直接連絡しましたが、不在で電話は繋がりませんでした。次にM社東京支社に連絡をし、山崎社長に繋いでもらうように伝えましたが、来客中とのことでしばらく待ってくださいと言われました。その後5時20分になり小林さんの携帯に山崎社長からの折り返しの電話が入りました。小林さんは何年間も連絡していなかったのでいろんな話をした後、社屋売買のことを話しました。山崎社長は売買の話を聞いてとても驚いたようです。なんと、「自力でそのビルを売ろうとしたが何年間も買い手はなくて、先ほどの来客は超有名会社の不動産販売部門で、そちらに売買を依頼したばかり」ということでした。

小林さんは「今私の勤めているネクセル社がそのビルを買いたい」と言って山崎社長を驚かせました。これも不思議なことで、すごい運命だなぁという感じでした。また、それまで一切売買の話はなかったのに、ネクセルが決めた後に2社続けて買いたいと言われたそうです。また、残っている机、椅子、棚、応接セットなどすべて付けていただく交渉も快諾していただきました。

お昼ご飯を終えて撮った記念撮影

そこで、6月16日、私は鵬輝社との投資契約をするために中国へ出張に行きました。午後3時頃現地空港に着いた途端、小林さんからの電話でした。「オーナーが会社に来ています。電話して下さい」と言うことで、私がすぐ電話したら、「7月には工場を出てなさい」と言われました。どう言ってもだめでした。私は「投資はほぼ問題ないので、引越しスケジュールを作ってもいい」と小林さんに言いました。

7月31日、M社の山崎社長たちは東京から福井に来られて売買契約書を結びました。中国鵬輝社からの入金はまだありませんので、銀行に一ヶ月借金しなければなりませんでした。午前11時に、M社と某大手銀行不動産販売部と銀行と増田司法書士とネクセル5社は銀行の応接間に集まって売買契約書や借入契約書等いろいろな書類に捺印とサインをしました。契約を終えてから、山崎社長と小林さんと私は福井のおろし蕎麦を食べに行きました。そして記念撮影をしました。事前にお互いに何も相談していませんでしたが、不思議に上着の色が男性はブルーで、女性は白でした。やはり何か良い縁があると感じております。

引越しは8月下旬に

しかしながら、契約を終えたが、すぐ引越しはできませんでした。M本社の役員は夏の長期休暇で、本社の役員サインは8月下旬になり、建物の権利の移転は9月1日となりました。仕方なく機械全部をスケジュールの通り6月下旬に分解して、武生市明光建商社塩谷社長のご好意でそちらの倉庫に置きました。空気電池の半製品をアコス社の倉庫に置いて、他の商品を福井市にある通関会社の倉庫と武生市の別倉庫に保管しました。空気電池のパック加工と出荷をアコス社の部屋に、経理事務と事務を鯖江市住吉町の建物をしばらく借りました。このように二ヶ月以上5カ所に分かれたネクセル社でした。製品はきれいに並べていなかったから、真っ暗な倉庫から品物を探すのは大変でした。空気亜鉛電池の製造の仕事がないので、時間がある従業員は一番蒸し暑い頃でしたが、次に働く建物の周辺の雑草を取ったり、掃除をしたりしました。

8月末雨の中で五カ所に預けている設備と製品を全部上河端町に運んできました。この時、田澤工場長は2009年4月に群馬から鯖江に移転した経験を活かして、分解した機械の接続と調節を業者に適切に指示し、また試運転をうまく調整し、試作品作りの問題点を見つけるように指揮しました。

ただし、7月と8月の湿気の多いときにエアコンなしの倉庫に保管されていたから、機械にはかなり錆があって、これによって発生したトラブルの対応は大変でした。社員はラインを細かく研磨したり錆を取ったりして、良品を作るまでにはかなり時間がかかりました。特に大きな電池はほとんど不良品で出荷できなくて大変困りました。

また、引越してからは月に40～50万粒の空気電池を購入したお客様はもう買わなくなり、年間売上1億～1億3000万円はなくなりました。その理由は、製造場所を変更したことと、無水銀電池のめどが立たないということでした。

新しい看板と防水処理した後のビル

新工場で雨漏りなどに悩まされる

また、新しい場所に来てから、雨漏りに悩まされました。20年間近く前に建てたビルなので外壁の防水は悪くなり、雨が降ると、食堂や事務所および工場の中に水が入りました。そこで、福井県で防水工事では一番実績のある明光建商塩谷社長にお願いして、防水工事を施工してもらいました。パーテーションを付けてエアパイプを据え付けて二度の引越や機械の配置および外壁防水工事費用などを合わせて1400万円かかりました。鵬輝社からの投資資金は土地と建物の購入および引越し費用であまり残っていませんでした。

その後も大変でしたが、何とかしてこの大きな問題を乗り越えてコツコツと努力して少しずつ順調に進んできました。

実は、弊社が有定町の工場を出てもオーナーは弊社の敷金180万円をなかなか返してくれませんでした。何回電話しても「あなたが工場を出たのは期限遅れで契約違反だから返さない」と言われました。そこで、弁護士を雇って裁判しようと思いました。9月末、その工場を見に行ったら確かに壊して更地になりましたが、10月に入っても老人ホームを建てないし、いくら電話しても全く応答はありませんでした。何があったかわかりませんでした。結局11月になってそのオーナーの娘さんが「10月に父は脳出血で入院しました。ご迷惑をおかけしますが、現在お金はないので、2年間分割して敷金を返します」と電話してくれました。娘さんはそのオーナーと全然違って真面目で敷金を毎月振り込んでくれ、最後まできちんと全部もらいました。

まとめ

空気電池事業について、初めから綱渡り状態でいつもドキドキ・ハラハラでした。70台ほどの機械を6年間で三度も移転することは普通あり得ません。しかし「捨てる神あれば拾う神あり」という諺のように結局運良くうまくいきました。この大きな事業にチャレンジできたのは能力だけではなく、いろいろな人々と社員の手伝いと運気のお陰でした。社長の私だけではなく、関わった社員の人生の中で一番忘れられない出来事です。

新商品の販売と分社化での再スタート

充電式LEDライトに着目

2012年6月、日本トリカ社を定年退職した野村さんは弊社に入社して、東京で電池などの営業を始めました。ネクセル社の充電式電池や電池パックを購入したお客様を訪問したり、得意のアルカリ電池を売ったりしました。アルカリ電池はある程度売れましたが、充電式電池はなかなか伸びませんでしたので、もっと売れる商品を探してみました。その頃中国丹陽市で呉燕燕さんと一緒にLED式ライトに投資したことがあって、これをきっかけにしてLEDライトに目を付けました。

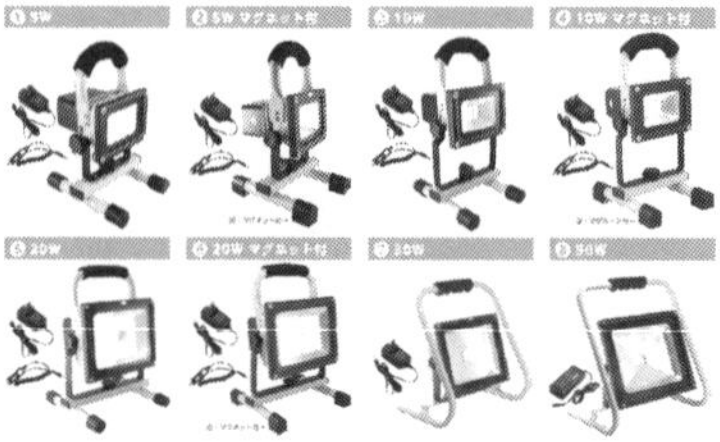

私の作った投光器のチラシ

2014年2月、東京ビッグサイトで行われた電池や照明の展示会を野村さんと一緒に見学しました。そのうち、中国のいくつかの会社の展示されている家庭用のＬＥＤ電球や業務用の充電式ＬＥＤ投光器に興味を持ちました。

野村さんは東京で夜間仕事しているお客様をサンプルを持って訪問し、説明しました。現場の意見をリサーチして情報を収集しました。集まった情報をよく検討した結果、今後伸びる分野だろうと判断しました。

充電式投光器を数種類輸入

私は４月初めに中国に行って数社の工場を見学しました。結局、ネクセルの得意分野である充電式電池を使っている投光器を数種類輸入して工事関係社に販売しようと決定しました。その理由をあげてみるとこのようになります。

一つは、現状、工事現場ではエンジンを使った発電機で照明をつけていたため、騒音があり、深夜の工事では町の住民の苦情に対応するのが大変だったことです。

もう一つはエンジンから二酸化炭素を排出していることです。また、トンネル中で

展示会で野村さんがお客様に説明していた様子

の工事は発電機を置けないので、時には数千メートルにもなる長い電線を使わなければならないことです。

５月に入って10Ｗと20Ｗを百台ずつ、５Ｗ、30Ｗと50Ｗを20台ずつ輸入しました。また早速三嶋社長にチラシをデザインしてもらって、５千枚印刷し、夜間の工事関係社に配って営業を始めました。サンプルを興味のある顧客に送って実際に使ってみていただいたら、他の会社の類似製品より種類が多いし、電池が良くて使用時間が長く、しかも製品が頑丈で使いやすいということで、現場からの反応が良く、だんだん人気が出てきて、売れました。

発光効率が高くて省エネルギーのＬＥＤ照明器具はやはり時代にマッチしているから、いろいろな製品を探して輸入しました。それらをアピールするために、野村さんはビッグサイトの照明展示会などに出展しました。また、野村さんとともに中国の工場を視察して中国の製造状況を見学させて営業にも役立ちました。

新製品は新聞記事になり宣伝になりました。また製品の仕様や性能を説明するチラシを新しく作って工事関係のお客様に配ったり、送付したりして営業を行いました。発電機の代わりに電池の応用品である充電式ＬＥＤ照明器具を使ってみてもらうと、工事関係の現場で働いている方々には、大好評でした。徐々に売れて売上額もどんどん増えて電池より大きくなりました。

強力な明るさの投光器を使用されている工事現場は、夜間仕事で少ない雨でもやめられません。また、室内で使っているお客様とは環境も違います。丈夫な製品でも、使用環境は様々でクレームが多いです。現場から返品された製品には泥がいっぱい付いたり、細かいガラス屑が入ったりした物もありました。大事なお客様ですが末端の使用者が誰かはわからないので、なかなか不具合な部分の情報が我々に届きません。はっきりとわかる初期不良品でしたら、使用状況を十分に聞いて原因を究明してメーカーに的確な指示を出して設計を変更したり、改善したりできますが。

一般的な注意点として、特に充電式では過放電しないようにすることと、防水処理を慎重に工夫するようメーカーにお願いしました。

無人搬送車用のAGV電池を開発

また、鉛蓄電池の代わりに軽いリン酸鉄リチウムイオン電池を取り扱うようになりました。日本蓄電池の廣松大介さんと無人搬送車（Automatic Guided Vehicle）用のAGV電池を開発しました。廣松さんと一緒に何回も中国へ行って、電池の製造現場を視察して、担当者と打ち合わせて中国の発展状況を理解してもらいました。その後トラブルが発生して大変苦労されていますが、中国メーカーに厳しく申し入れました。

結局廣松さんは仕入れた製品を一つずつしっかり検査・確認した上出荷して、製品は鉛蓄電池より軽くて使用できる時間が長いことで、使用されている自動車大手企業でも結構満足しているということです。今後これはAGV用だけではなく他の分野でも普及し、広く使用されるようになると見込まれ、大変将来性のある商品だと考えております。

一方、空気亜鉛電池の無水銀化はなかなか成功していないので、有定町から新しい住所に工場を移転して以来、元々毎月数十万粒を買っていたお客様のL社とNH社は買わなくなり、実験費や開発費などで年間3000万円の赤字が続いていました。しかも、機械購入の助成金900万円を申請して一度許可されましたが、親会社の鵬輝社が1億円以上の資本金だという理由で却下されました。

電池やLED照明器具の販売で得た利益で空気亜鉛電池の事業の赤字を補っていますが、全く足りません。その結果、会社は連続2年間の赤字決算となり、融資は難しくなりました。そこで、私は何回も鵬輝社夏社長に空気亜鉛電池の製造をやめて、設備を他の会社に売ろうと提案しました。実は、ボタン電池を年間数十億粒作っている香港のGP社はこの設備を買いたいのですが、夏社長は継続的にやりたいということでした。

廣松さんと武漢の会社を視察した

会社の資金繰りが大変で、私はもう耐えられなくなり、2017年11月、中国に行ってこのままではもうダメで倒産すると話しました。すると、夏社長は製造と商社を分社して、空気電池事業の製造部門を鵬輝社の子会社としてやると言いました。そして2018年1月からすべての空気電池の設備および建物と土地をそのまま受け継いで、無水銀空気電池を開発・製造することとするGreat Power Nexcell株式会社に社名を変更しました。Great Power Nexcell株式会社の責任者を鵬輝本社の一人に任命しましたが、日常の管理を小林さんに兼務させるようにしました。鵬輝社から社員と通訳それぞれ一人を鯖江の工場に派遣させて、もっと投資して無水銀空気亜鉛電池の開発と量産化を加速しようと計画しました。

しかしながら、この中国と日本の協力はなかなかうまくいかず、2年半以上開発して何とか無水銀空気亜鉛電池を作っていましたが、高いコストと低い容量で競争力が低く、合わせて1億円以上の赤字が出ましたので、結局やむを得ず2020年9月に製造を中止させました。その後一部の設備を中国に運びました。

従業員はほとんどネクセル社に入社させて、ドイツ製の無水銀空気亜鉛電池を輸入してパックした後続けて日本で販売していました。

新生ネクセル社の誕生

　また、私は2018年1月11日、株式会社ネクセルの名前を従来のままで新しく設立しました。目的はGreat Power Nexcell株式会社の作った空気亜鉛電池および従来の電池や新しいLED照明器具を続けて輸入・販売することです。社名だけを見ても聞いてもわかりませんが、実は新生であるネクセル社を誕生させました。

　この日はゼロからではなくて創業して17年を経て、まさに経験や商品やお客様等を有する基礎のある1からのスタートです。

　製造業部門がなくなってから、様々な充電式LED照明器具を開発して輸入しました。寧波にあるユーロ社からいっぱい届いたサンプルが会社にありました。名古屋にある畑屋製作所社からは「創業百周年にあたって何か面白い製品がないか探していた」と言われました。開発部の奥村様はそのサンプルの充電式LED照明器具を持っていって、営業部に紹介してくれました。商品を見た足立会長・社長・山田常務および営業の方々は大変興味を持たれて、お客様にアピールしてくれました。

その後、畑屋製作所はいろいろな点について仕様をもう一度追加したりしました。また足立社長と奥村様と一緒にメーカーや金型屋さんを視察して現場で確認しました。製品の仕入先である中国ユーロ有限公司副社長崔友明さんは空港までに出迎えに来て、よく対応してくれました。サンプルを制作した後も細かい所を修正しました。

商品力があったのでこの充電LED照明器具は1万台以上売れました。福井のホームセンターでも見かけるぐらいでした。

畑屋製作所足立社長と奥村様は仕入先訪問

自分が手掛けた製品を店頭で見て、やはり嬉しく思いました。その後環境に優しいLED発光の技術を生かして、円柱形投光器や看板灯等の照明器具を増やして、会社の売り上げに大きく貢献していますし、電池の応用品としてエコ時代にマッチングしています。

創業以来ずっとお世話になっている会計税理事務所の伊藤先生および司法書士の増

田先生に相談したとき、様々な大変なことは頭に浮かべていましたが、これまでの創業以来やってきたことは良くても悪くてもすべて有意義で、一つも無駄ではなかったのです。悪いことは私を向上させる踏み台で、良いことは私を前進させる力です。

外国人として法律を守って正しく経営するのは当然のことと思って、いつもきれいに記帳してしっかり税金を納めています。何回も税務署の調査を受けても問題はなかったですが、２０１６年４月、弊社の９００万円の空気亜鉛電池の不良品についての処理方法が税務署と見解が違って大変もめました。

税務署はお客様はもちろんお客様のお客様まで行っていろいろなことを調査しました。税務署の見解を認めてどうしても追加の税金を納めよと言いましたが、私は不服だと言いました。金沢国税局の３名も来社して調査を受けました。結局税務署は勝ちましたが、このとき伊藤先生は大変助けてくださいました。本当に感謝しております。

最後に、今後私たちが目指すべき方向性についてです。20年間で様々な経験を積み、そのノウハウを生かして充電式製品、特にＬＥＤ照明品を開発・販売することを会社の事業の柱と発展方向として定めました。このような製品は世界の環境問題の解決に関わりますし、世の中の必須品となりつつあるため、会社の安定した経営に繋がると信じています。

また、冒頭に述べた強制捜査の件については、その後2020年5月から四ヶ月かかって、ほぼ毎週警察署に行って、私の両親や兄弟姉妹から個人のことを含めて、来日の経緯や会社の経営内容と交友関係等様々なことを担当の警官に聞かれて丁寧に答えました。結局一年後警官からは〝ジンさんに疑わしいところは一つもない〟という連絡がきました。逆に調べていただいた警官と仲良くなりました。最後に、強制捜査等の事や自分の履歴や会社の経営経験等をまとめて本を書こうと思うと言うとその警官は、「ぜひ読みたい」と言ってくれました。出版したら一冊差し上げると約束しました。

これも面白いことですね。

まとめ

経営の一つのコツは時代の流れにマッチした商品の取り扱いです。常に情報を収集して、市場に必要な品種を販売し、良いサービスをしてあげればお客様は必ず興味を持ってくれます。しかも、豊富な商品の知識を持ってお客様が困ったときに説明できると、より満足していただけます。

また、見込みのない製品を早くやめることも大事です。優柔不断ですと結局大きな失敗に繋がります。これも日常に収集した情報に基づき現状を見極める能力と言えます。経営者は常に判断力を高める必要があります。

後書き　創業についての感想

日経ビジネスの調査によると、創業した企業の残存率は非常に低いそうです。創業してから10年後は6・3％で、20年後はなんと0・3％ですが、アメリカでも同じぐらいで10年後は約４％です。したがって、創業は極めて難しく、人生の中ではリスクが高いと言えます。したがって、貴重な全資産や人生の時間を失うことや、自分自身および家族に与える精神プレッシャーが大きいことを覚悟する必要があります。

私の場合は大手企業内や大学キャンパスの起業とは違って、しかも異国での創業でゼロからのスタートでしたので、20年間大変な出来事がいっぱいありましたが、何とかして続けております。もともとビジネスは好きではなかったのですが、起業してから大好きになり、自分の人生全部を会社につぎ込んでいます。実際、商売してから勤務したアコス社藤田会長および二見専務のご支援で数年間ビジネス実務の経験ができたお陰です。大変感謝いたしております。

私はゼロからの創業を例えにすれば、下記のようになると考えております。

丸木から作った船を川で漕いで荷物を探しながら見つけたお客様にお届けする。そして、少しずつ発展して、燃料や水・食品をしっかり準備しておいて、その時の天気や進行の方向や水の流れなどを注意しながら、風をうまく生かして安全に運行させることができるようになります。見つけた様々な製品をよく勉強して熟知して、信用してくださるお客様に着実にお届けします。逆流になったときは眠れなくても強い精神力を持って我慢して運気の良いときを待つことが大事です。大きくなった船を操作するときは、暗礁に乗り上げて転覆しないように運良くいい風に吹かれて災難を避けることができました。

創業することは絡む要素が多くて、不確実性が高すぎるのです。創業のリスクが高いからこそ、倒産したらそれを片付けることも大変で、ほとんどの人がなかなかできないと思います。実は新事業も同じです。前に述べた空気亜鉛電池の事業を振り返って、今もし無償で設備をもらっても、私は１００％やらないと思います。その理由は、お金も技術も市場も全くなかったし、工場の場所もなかったからです。当時この事業をやった理由は、経営の経験は浅かったし、冒険心が強くて倒産する可能性をあまり考えなかったからです。

もちろんやることを決めた以上、悪いときを乗り越えるために全身全霊で一生懸命に頑張りました。何回もダメになりそうになったときは、やはり強い運がずっと付いて最後まで倒産しませんでした。事業を始める前から、このような良運を考えてもダメなのですが、やり始めた以上愚直に努力することは問題を解決する方法の一つでした。運がいいと思って待つのは絶対ダメで、一生懸命に持続的な努力することが唯一の選択肢です。

創業は学校の教室での講義とは違って、ほとんど失敗が許されない点が戦争と似ていますが、試してみることが大事です。「やってみよう」と常にチャレンジすれば、小さい失敗は許され、大きなリスクを避けることができたら、将来性が少し見えるだろうと思います。また、すでに成功した人物の経験や有名人の華々しい言葉をそのまま鵜呑みにせずに、自分に起こった問題を解決する方法を見つけなければなりません。

歴史や他人の経験をよく勉強して参考にする必要がありますが、自己流で柔軟性を持って対応しなければなりません。また、大学卒や大学院卒などの学歴にはあまり頼らないことです。知識の豊富さや頭の良さや年の功より、むしろ冷静な態度や謙虚な気持ちや物事の素早い優先順位の選択が大事です。細かいことにも気を付けていることです。このようなことを常に繰り返して訓練してだんだん経営に対する感覚が自動車の運転と同じであまり考えなくても身につきます。

最後はもちろんその人の運気も重要です。ただし、運気はいくら重要と言っても、それだけに頼って生きられないことなので、あまり深く考えないほうがいいと思っております。人間の基本は一生に弛まず努力している過程（習慣）の中に運気が隠れているから、大変なときに遭遇すると助けてくれることを信じるだけで十分だと思っております。

私は人間の前途は基本的には真っ暗ですが、自分の努力で電気をつけて少し前を照らせば前進できると常に思っています。創業の一番の楽しみはたくさんの苦労の中にありました。どんな仕事をしても大胆プラス慎重で進めること。身につけた良い習慣はいつか大きな力になると信じること。人生を遺憾せず全身全霊ですべての持っている能力を十分に発揮することが大切です。今までの創業もそうでしたが、今後も怠けずやり続けていこうと思います。

年譜

来日前	
1977年10月	大学の入学試験が始まることが人民日報で報じられる
1978年3月	西安理工大学金属材料学科に入学
1982年2月	西安理工大学を卒業。新疆のウルムチ市の第二自動車工場に配属。熱処理の職場で1年半ほど働く
1983年9月	ハルビン工業大学大学院に入学
1986年7月	修士学位を取って卒業。母校の西安理工大学に戻って金属学の講師として働く
1987年4月	福井大学工学部の荒井克彦先生と出会う
1988年5月	福井大学工学部の山本富士夫先生と出会う
1989年11月	福井大学工学部の小幡谷洋一教授と出会う
来日後	
1991年7月15日	鑑真号で神戸港に着く。大学に近い日毛アパートで暮らしはじめる
1991年7月	福井大学小幡谷研究室に入って、金属塑性変形のメカニズムを研究
1993年10月31日	妻と長男を来日させる
1994年4月	福井大学大学院工学研究科の博士課程に入学
1994年秋頃	総合商社・轟産業株式会社の酒井貞美社長と出会う
1996年11月	アコス社の藤田通麿社長、二見文麿専務と出会う

1997年3月	小幡谷教授の指導で博士号を取得。福井大学を卒業。アコス社に入社。一から経営の勉強を始める
1998年10月	二見専務と一緒に中国の実家を訪問。リンゴジュースの日本への輸入を検討するが、実現せず
1998年冬	ヘッドマウントディスプレイ（HMD）のプロジェクトを開始
1999年2月	39歳で腎臓ガンが見つかり、その後手術する
2000年10月	株式会社明光建商　塩谷昭文社長と出会う
2001年9月	ヘッドマウントディスプレイ（HMD）プロジェクトが失敗に終わる
2001年2月	東京ビッグサイトでNEXcell耐能電池有限公司に出合う。ニッケル水素充電池の輸入販売を開始。ヤフーオークションで爆発的に売れる
2002年3月	アコス社の電池部門の子会社名をネクセルジャパンに変更
2003年春	電池が発火したというクレームが出る。
2004年11月	関係4社の担当者を連れて上海へ行き、電池会社の工場を視察
2005年春	塩谷社長の紹介で日本プロファイル工業株式会社　高野治士社長と出会う。また高野社長の紹介でハッポー化学工業株式会社　奥野社長と出会う。プラスチック加工機械輸入の話が動き出す
2005年7月	インクジェットプリンターのインクを開発できる人に出会う
2005年11月	西安にプリンターインク製造会社を設立。兄に経営を任せる

日本で独立後

2006年3月	資本金1000万円で新しいネクセルジャパン社をアコス社の建物の一角を借りて設立。
2007年春	インクジェットプリンターのインク開発に失敗。西安の会社を解散
2007年4月	上海で創業を決意
2007年8月	大学の同窓生で仲の良い張奇真さんと上海徳以思科技有限公司を設立
2008年2月	空気亜鉛電池製造ラインの取得に乗り出す。
2008年9月	リーマン・ショック起こる。
2009年5月	福井で空気亜鉛電池の製造がスタート
2009年11月	鯖江の縁で日本全国の眼鏡屋で空気亜鉛電池の販売ができるようになる。
2009年12月	盧九評さんが部下の呉燕燕さんと来日。
2009年11月	無錫市政府から無償支援金と濱湖区政府の株投資を得る。
2010年4月	無錫市濱湖区で新しい会社を設立し、呉さんを社長としてスタート。
2010年4月	無水銀空気亜鉛電池の開発を福井大学工学部工学科化学専門の教授に依頼。
2013年3月	大手P社も空気亜鉛電池の製造から撤退。
2013年11月	ドイツの無水銀空気亜鉛電池製造会社にOEMを打診。

２０１４年２月	東京ビッグサイトの展示会で業務用の充電式ＬＥＤ投光器に興味を持つ
２０１４年７月	ドイツ訪問
２０１４年10月	鵬輝電池有限公司との提携を決断
２０１４年３月	無人搬送車（Automatic Guided Vehicle）用のＡＧＶ電池を開発
２０１５年４月	突然、鯖江の本社工場の建物敷地の返還要求を受ける。
２０１５年８月	鵬輝電池有限公司からの出資で本社工場を購入し移転
２０１８年１月	空気電池事業の製造部門を鵬輝社の子会社に移し、社名をGreat Power Nexcell株式会社とする。
２０１８年１月	新生・ネクセル社を設立
２０２０年９月	鵬輝社の開発した無水銀空気亜鉛電池の製造を中止。
２０２１年４月23日	強制捜査

〈著者紹介〉
靳忠效（ジンチュウコウ）
1960年2月14日生まれ。中国陝西省白水県出身、日本福井在住。株式会社ネクセル代表取締役。1981年2月、中国西安理工大学材料学部を卒業した後、中国新疆の自動車工場で働く。1986年7月、中国ハルビン工業大学材料学部を卒業し、母校·西安理工大学の講師として勤務。1991年、共同研究の目的で来日。1987年3月、福井大学材料工学研究科物質工学専攻 工学博士取得。1997年4月、株式会社アコス入社。2001年に創業し、2006年株式会社ネクセル設立。

ゼロスタート
—異国《いこく》・日本《にっぽん》での創業奮闘記《そうぎょうふんとうき》—

2023年11月27日　第1刷発行

著　者　　靳忠效
発行人　　久保田貴幸

発行元　　株式会社 幻冬舎メディアコンサルティング
〒151-0051　東京都渋谷区千駄ヶ谷4-9-7
電話　03-5411-6440（編集）

発売元　　株式会社 幻冬舎
〒151-0051　東京都渋谷区千駄ヶ谷4-9-7
電話　03-5411-6222（営業）

印刷・製本　中央精版印刷株式会社
装　丁　　弓田和則

検印廃止

Printed in Japan
ISBN 978-4-344-94608-8 C0095
幻冬舎メディアコンサルティングＨＰ
https://www.gentosha-mc.com/